苏州长物

苏州长物·花

苏州市科学技术协会 编

文汇出版社

编委会

主　　编：程　波

编　　务：张亿锋 张志军 庞　振 吴英宁 沈思艺 钱晓燕

撰　　稿：闻　慧

摄　　影：张亿锋

科学顾问：王金虎

序

"江南好，风景旧曾谙。"如果说，江南是中国文人心目中的一方诗意乡愁，那江南文化就如同中华文化的一个丽梦，是中国梦最优雅、婉转、诗情的部分，而苏州无疑是这段典雅章回的重要叙述者、书写者。苏州承载着从古至今人们对江南最美好的记忆与想象，也是"最江南"的文化名城。苏州之江南文化经典形象也早已深入人心，成为无数人的精神家园。

"美美与共，天下大同"，科技与文化的深度融合成为当今时代的大势所趋，科技的最高境界无疑是用其来理解文化之美，实现人类文明的大发展、大繁荣。苏州是一座将科技与文化完美融合的城市，古代状元之乡，当代院士之城，从科举到科学，苏州生生不息汲取吴文化博大精深、源远流长的天然养分，深深烙印上崇文重教、包容创新的城市基因。因此，将科普与文化、艺术、旅游等相结合，催生科普的新活力、新动能，成为苏州科普工作者的重要责任。

文化传承和科技创新从来都离不开乡土记忆，古有文震亨《长物志》，共十二卷。内容分室庐、花木、水石、禽鱼、书画、几榻、器具、位置、衣饰、舟车、蔬果、香茗十二类，是一部古代的江南文化生活和文人情趣的重要著述。今天我们编辑的"苏州长物"系列口袋书，将"苏样""苏意""苏工""苏作"参互成文，将古城、古镇、古典园林等经典江南文化遗存，昆曲、评弹、苏剧、苏绣等绝世江南文化瑰宝，乌鹊桥、丁香巷、桃花坞、采香泾等唐诗宋词里裁下的江南美称，一一记叙，为大家科普其中的科学内涵，让科学与生活、自然、人文高度融合，雅俗共赏，梳理、挖掘和整理苏州本土的自然、人文、风物、科技等，将苏州的江南文化以准确、朴实、生动的科普语言传递出去。

我们愿与广大读者一起构筑江南文化的最鲜明符号，延续江南城脉的最深厚底蕴，书写江南记忆的最精彩笔墨，加快锻造文化软实力和核心竞争力，让文化为城市发展高位赋能！

　　期待"苏州长物"系列口袋书能成为宣传苏州文化软实力、提升苏州市民科学文化素养的随身宝囊！

苏州市科协党组书记、主席

2021 年 7 月

前言

　　野花生长于山间、路边、溪水旁……不择地势，不需照料，蓬勃地生长，默默地开放，坦然接受风雨雪洗礼，千姿各色，装点着脚下的每一寸土地。因为在蓬野，所以自带天然美。这种天然美，美在不事修饰，美在浑然天成，美在顽强不屈。那么，让我们俯下身来，谦卑而真诚地去发现、去体悟吧。

　　苏州，温润如酥的土地之上，春夏花似锦，秋冬不寂寞。野花是苏州植物门类中不可或缺的元素，对于生态稳定至关重要。这些自然界似不起眼的小精灵，可赏玩，可入药，亦自在洒落；可入画，可入诗，亦可慰藉心灵，以物喻人、以物言志。截至目前，我们在苏州采摄到了350余种野花，主要是花序比较明显、具有观赏价值的，以草本为主，也包括一些灌木和藤本。它们姿态各异，风情万千。

　　"一花一世界"，一株野花就是一个小小的生命。它们拥有独特的语言和身份，便拥有了生命的无限可能。这个小小的生命，诠释着山林、旷野的本真，增添着公园、庭院的意趣，也让人类多了一份与大自然对话的机缘，美妙而智慧。

　　每一个生命都值得被尊重，但有"植物盲"的人，常常对周围的植物视而不见，也不能欣赏植物的美，更不了解植物的生物特性及其在生态系统和人类社会中的重要性。为了让生活中看似不起眼的植物重新回到人们的视野，我们编撰出版《苏州长物·花》口袋书，以花期为序，讲述111种苏州野花的故事，用一颗感恩的心将每一种野花的别致和不凡娓娓道来。期待这本洋溢爱与尊重的自然笔记，能让你留意脚边的那些美丽，并好好地保护它们！

编者

目录 | Contents

老鸦瓣

Tulipa edulis（Miq.）Baker

百合科	老鸦瓣属	多年生小草本	花期 2—4 月 果期 4—5 月

每年春节过后，山坡和路边草间就很容易寻到老鸦瓣的踪迹了，它是苏州最早开花的野花之一。

还未山花烂漫时，老鸦瓣就早早开了。老鸦瓣别名"山慈姑""光慈姑"，人们又管它叫"野郁金香"。花单朵顶生，细长叶两枚，长10—25厘米的花茎上还长着两片短叶，那是苞片。若不见阳光，它的花朵便始终闭合，形态的确像极了缩小版的郁金香，花瓣外侧有紫红色纵条纹，识别度很高。待到花朵完全绽放时，六枚细长花瓣张开，内侧呈白色，绿心黄蕊，相当清秀。

老鸦瓣鳞茎可供药用，含有多种生物碱，《植物名实图考》中记载，"乡人掘食之，味甘，性温补"，有消热解毒、散结消肿之效，又可提取淀粉。但"是药三分毒"，它富含秋水仙素，毒性相对强，千万不可食用。

繁缕

Stellaria media（L.）Vill.

| 石竹科 | 繁缕属 | 一年生草本 | 花期 2—4 月
果期 5—6 月 |

繁缕，别名"鹅肠菜""鹅耳伸筋""鸡儿肠"。它是乡村里人们常摘采的野菜之一，用水焯一焯，煮汤、炒菜，或者凉拌加蒜泥、猪油、麻油都行，尝起来跟豌豆苗差不多，鲜嫩可口，苏州人称它为"文文头"。

此种草本喜爱温和湿润的环境，茎纤细，蔓延大地，基部多分枝。叶子上尖下圆，叶络较清晰，绿得很是素净。数朵白色小花组成聚伞花序，洁白如玉，淡雅芬芳，沁人心脾。花瓣最是有意思，每瓣从中间深裂开，像开裂的心形，远观看似十瓣，但实则为五瓣。

繁缕茎、叶及种子可供药用，有清热解毒、消炎、活血止痛的作用。《中国药用植物图鉴》中有记载："生叶揉汁，外用治疮伤；茎叶拌盐咬之，能治齿痛。"

蛇莓

Duchesnea indica（Andr.）Focke

蔷薇科	蛇莓属	多年生草本	早春始花， 花果期可延续至 11 月

六
— 蛇莓 —

早春时节，蛇莓的匍匐茎就会在地上蔓延开来，长成满满一地的盎然绿意。阳光催开黄色的花朵，光洁鲜亮，像孩子般可爱。花朵凋谢之后，结出一粒粒小巧的果实，通红通红的，古人赞之为"色至鲜"，说它像铺在地上的锦缎。确实，如果有蛇莓在院子里做点缀，就能打破夏日的沉闷。

乍一听蛇莓的名字，很多人会以为它有毒。其实根本没有，它的果实也能吃，只是虽然形似小草莓，看上去很诱人，但味道和口感都不能和草莓相提并论罢了，只能作为鸟雀、蝼蚁的口粮。

有人说因为这种莓子人不能吃，只有蛇吃，它才有了"蛇莓"之名，可其实蛇并不会吃它。蛇莓的名字来历，有人说是因为它能治蛇伤而得名，也有人说是因着它的蔓生特性如蛇迹相仿而来，这倒从它的一个别名"龙吐珠"可以印证——像龙一样蜿蜒，吐出颗颗火珠。

蛇莓全草供药用，是一味良药，专治疔疮和蛇虫咬伤，涂敷后"效甚捷而力至猛"，有些地方直呼其为"疔疮药"。

蛇莓果实

二月兰

Orychophragmus violaceus

| 十字花科 | 诸葛菜属 | 一年或二年生草本 | 花期 3—4 月
果期 4—5 月 |

春日和风拂过，一夜之间二月兰盛开了，一片紫色缀满枝头，好像整个世界都抹上了一层"浪漫紫"，美得让人猝不及防。

其实二月兰和兰草、兰花没有什么关系，叫它"二月蓝"更为恰当，只是因着宗璞的《送春》和季羡林的《二月兰》两篇散文，"二月兰"的名字更为人熟知。二月兰还有个名字叫"诸葛菜"，网络上介绍它的文章一般都会把它与诸葛亮联系起来，但它究竟和诸葛亮有没有关系，也不得而知。

二月兰花茎红褐色，茎秆纤弱，微风一吹，就摇曳起来。它的花呈十字形，花瓣密生细纹，中间忽的一抹淡黄花蕊，可谓点睛之笔。二月兰秋末冬初种子发芽，长出覆盖地面的绿叶，看上去有些毛糙，与翌年春天抽出的花葶上光滑的叶子非常不同，所以千万不要误把它们当作杂草除了。

人与自然总是有着千丝万缕的联系。也许只是某天偶然在路边见到了一朵小小的野花，普通得不能再普通，而或许正是这一点点不经意，却能默默成就你未来生命中大大的感动。

宝盖草

Lamium amplexicaule L.

唇形科	野芝麻属	一年生或二年生草本	花果期 2—4 月

早春里，行走在水边、路旁、林缘、田间，只要是未经人工整饬过的地方，都能见到一丛丛紫红色的野花，在阳光下十分抢眼，那就是宝盖草，它是苏州早春最萌的野花之一。

宝盖草因其叶子而得名。对生圆叶两两相拥，看起来就像是组合成了一瓣，其形状神似古代帝王驾车、仪仗时，随从给撑起的华盖。而叶子抱着茎层层生长，又好像佛祖的莲花座，因此有别名"佛之座"。

宝盖草的一根花茎，高才 10—30 厘米，却往往能撑起三到四层华盖，层层都会开花。一团团唇形小花，上唇直伸，高高昂起，像兔子的耳朵，又像拱手作揖的小人儿，萌态可掬。宝盖草大多开的是紫花，但也有例外。偶尔在山间发现有开白色花的宝盖草，如白玉胭脂，让人惊艳不已。

山莓

Rubus corchorifolius L. f.

蔷薇科	悬钩子属	直立灌木	花期2—3月 果期4—6月

在乡间长大的孩子，对山莓这种野果子肯定不陌生，那是春天送给孩子们的礼物。

每个地方对山莓的称呼不一样，有树莓、牛奶泡、四月泡等。山莓不仅果子好吃，花儿也美。早春的山林，山莓花盛开，像着白衣绿裙的女子般清新秀丽。

山莓枝上尤其是茎秆有小尖刺，小时候去摘果子的时候总会不小心被扎到。山莓果实没成熟的时候是青色和乳白色的，成熟以后，颜色鲜红，晶莹剔透。摘下一颗放入嘴里，清甜可口，还带有一丝微微的酸。当然，那种红得发紫的果子，更为甘甜。

除了生吃，山莓可以制成美味的果酱，还可以用来酿酒，这样它所含有的营养物质更易被人体吸收。此外，山莓的根和叶还可入药。

刻叶紫堇

Corydalis incisa（Thunb.）Pers.

罂粟科	紫堇属	多年生直立草本	花期2—4 月 果期3—4 月

刻叶紫堇是苏州最先开花的野花之一，高约 20 厘米，它一大片一大片地开成蓝紫色花海，在气势上可以跟二月兰相媲美，开花时间也差不多。

紫堇属植物花的形状都很相似，长得像小烟斗。除了这个特点外，刻叶紫堇的辨识要点之一是叶片的形态。其叶缘比较不规则，像是卷笔刀刨出的铅笔屑，又像是被人用刻刀随意划过，刻叶紫堇大概就是因此得名的。刻叶紫堇开花的时候，叶子一般是鲜亮的绿色，但冬天刚发芽长叶的时候，叶子却是暗沉的灰紫色。

等到 3—4 月，果实就陆续成熟了。这时候只要轻轻碰一下果实，它就会自己炸了，速度非常快，果荚反卷，而种子早就不知道去哪儿繁殖下一代了。

刻叶紫堇全株可入药，但只能外用，不能内服，因为全株都有毒，所以切记不能当野菜吃。

点地梅

Androsace umbellata（Lour.）Merr.

| 报春花科 | 点地梅属 | 一年或二年生草本 | 花期2—4月
果期5—6月 |

点地梅，花如其名。春来时，点地梅便悄悄开了，怯生生露出地面，小心翼翼地点缀着大地。它是雪白色的五瓣小花，中间一点亮黄，数朵束成伞形，清新素雅，萌萌的，自然而可爱。点地梅近圆形的叶全部基生，小小叶片边缘有着粗粗的锯齿，使叶片看起来就像个齿轮。

这种小花素来喜爱湿润温暖的环境，常常生于山野草地或路旁。别看它长得小巧娇弱，生命力与自播繁殖能力却很强，是极好的地被植物，雅致特别，观赏性高。

中医里，点地梅有清热解毒、消肿止痛的功效，对缓解咽喉疼痛、疗治口舌生疮有良效，因此还被称为"喉咙草"。

菝葜（bá qiā）

Smilax china L.

| 百合科 | 菝葜属 | 攀缘灌木 | 花期2—5月
果期9—11月 |

菝葜生于林下、灌丛、山坡，有坚硬的茎，上面长着卷须，还有稀疏的小刺。

菝葜互生的椭圆形叶片上有明显的平行脉，特别好认，弯弯扭扭的卷须就是从这两片叶子中伸出来的。尚幼嫩的小枝上，一朵朵黄绿色小花在花梗顶端聚集成一个花球。菝葜有雌雄之分，雄株只有雄蕊，无法结果。雌株的花朵凋谢后，会结出独特的红色球形果实，有粉霜，呈放射状生长，非常好看。

菝葜又叫金刚藤，早在南宋淳祐年间，就有用金刚藤治好杨太后的传奇故事。那是因为菝葜确实有祛风湿、利小便、消肿毒、止痛的功效。它的根茎相传还是侗族相传千年的妇科良药。

菝葜

韩信草

Scutellaria indica L.

唇形科	黄芩属	多年生草本	花果期 2—6 月

传说，当年西汉开国功臣韩信还在集市卖鱼时，某天遭人毒打，卧床不起。邻居见状就赶紧摘来一种草药煎汤为其疗伤。没多久，韩信就痊愈了。之后他入伍从军，官升至将军。每次战后，韩信便派人去寻邻居为其疗伤的草药来治疗伤兵，效果极佳。久而久之，此草便以"韩信草"闻名了。

韩信草根茎短，茎呈四棱形，颜色暗紫。叶片草质或近坚纸质，通常为椭圆形或心状椭圆形。它开蓝紫色花，冠檐唇形，花对生排列成总状花序聚于枝头。风吹过，蓝紫色花海此起彼伏，如波如浪，很是好看，因此人们也叫它"立浪草"。

野生的韩信草常见于田间、溪边及疏林下，它喜湿润、荫蔽，也是园林中常见的盆花花卉或地栽植物。据《贵阳民间药草》记载，韩信草全草可入药，苦、寒、无毒，有平肝消热之功效。《岭南草药志》中也提到，韩信草"味辛，性平，治跌打伤，祛风，壮筋骨，治蚊伤，散血消肿，以之浸酒妙"。

酢（zuò）浆草

Oxalis corniculata L.

| 酢浆草科 | 酢浆草属 | 多年生直立草本 | 花果期 2—9 月 |

二六

— 酢浆草 —

酢浆草的名字让人有些摸不着头脑，但其实很容易明白："酢"古写作"醝"字，"醝"就是醋，原来酢浆草叶子尝起来酸酸的，有点像醋的味道。

酢浆草几乎处处都有，尤其在低湿的地方长得更好，它的茎细弱，多分枝，茎上生叶，长长的叶柄端着生三片"爱心"小叶，常常害羞地垂着。酢浆草常年开花，小朵黄花，五枚花瓣窄长而端圆。大多数酢浆草的花都会在晚上"休眠"，白天天气好的话竞相绽放，而傍晚或阴天再去看花瓣就都闭合了，煞是有趣。

酢浆草花期长，从春开到秋，能结出无数种子，结的种子一捏就会到处蹦，极易繁衍。

但自古以来，酢浆草一直是生食的野蔬和治病的良药，还可以用来擦拭石器，"令白如银"。全草可入药，治跌打损伤、赤白痢，还可止血。

阿拉伯婆婆纳

Veronica persica Poir.

| 玄参科 | 婆婆纳属 | 铺散多分枝草本 | 花期 3—5 月 |

阿拉伯婆婆纳原产西亚，又名"波斯婆婆纳"，约 20 世纪初进入中国，之后便广泛传播，遍布全国，在长江以南尤为多见。苏州本土婆婆纳比较少见，外来的阿拉伯婆婆纳却很常见。二者花、叶、果的形态十分相似，只是阿拉伯婆婆纳的都要大一些。

"婆婆纳"之名应该源于它的叶子。其脉纹在叶面上凹下，其中的一部分通达叶缘两齿间缺处，使叶片总体看来像是由碎布片缝纳而成，似老婆婆缝纳破布而成的一块"抹布"，也可能是"破布纳"之音转化而成。

虽说有个略微"老气"的名字，阿拉伯婆婆纳却长得格外好看。株高约 10 厘米，叶片呈心形或卵形，叶边缘有圆钝的齿；四片蓝紫色花瓣展开，上面的纹路细密有致，显得与众不同；花蕊淡绿，酷似蜗牛脑袋上的两根小触角，特别可爱。

因此，尽管是入侵物种，阿拉伯婆婆纳却一点不令人生厌。它们花开时恬静优雅，默默将一方土地点缀得分外浪漫，怎会不讨人喜欢？

除观赏外，阿拉伯婆婆纳还可入药，中药别名"肾子草""灯笼草""灯笼婆婆纳"等，具有祛风除湿、壮腰、截疟之功效。

紫堇

Corydalis edulis Maxim.

罂粟科	紫堇属	一年生草本	花期 3—4 月 果期 4—5 月

早春三月，万物复苏，大多数植物才刚刚睁开惺忪的眼睛，紫堇属中的"老大"紫堇却早已缤纷盛开。它们在林荫下、岩壁上、石缝中随风舞动，带来春天的气息。

紫堇高20—30厘米，茎秆柔垂，分枝披靡，叶片像香菜，面绿背白。茎上生出花枝，常与叶对生，梢端开出一串小紫花，花形别致，状如鸟雀。花开败后，结成一条条小"豆荚"垂着，也很有趣。到了夏天，热闹了一春的紫堇就归寂了，待到来年，会再与你灿烂相逢。

据说紫堇曾经是一种蔬菜，《诗经·大雅·緜》中"堇荼如饴"的"堇"字通"芹"，古代早些时候吃的"芹菜"就是紫堇。后来，紫堇逐渐被水芹替代，沦落为野菜，可能是因为口味实在不怎么样吧。不过这味苦的紫堇，入药却可清热解毒、收敛固精、润肺止咳，外敷还能止痒。

浙贝母

Fritillaria thunbergii Miq.

| 百合科 | 贝母属 | 多年生草本 | 花期 3—4 月
果期 5 月 |

到 3 月，有人就会惦念起山坳里野生的浙贝母，急切地想知道它何时会盛开，好去一睹芳容。

浙贝母的盛花期，展现出不为人知的惊艳："素颜"的浙贝母花如一口口小钟垂挂在高 30—50 厘米的茎上，淡淡的黄绿色混在枝叶丛中，看上去不太起眼，但若是轻轻扶起花朵，就会发现花瓣内侧密布的淡黄或淡紫色方格条纹，可以将昆虫指引向花蕊。

浙贝母花朵下方的苞片与叶片相似，但顶端会打卷。俯垂的花朵在授粉后会逐渐向上举起，直至形成一个直立向上的果实，民间叫它"八挂锤"。

浙贝母身材纤弱，却能开出数朵硕大的花，让人不禁感叹其弱小的身体怎会蕴含如此大的能量。如果有机会观察它的地下部分，你就能理解它的能量从何而来了，浙贝母的地下鳞茎肥厚饱满，将其光合作用制造的养分牢牢地锁在其中。浙贝母的鳞茎形状像几个大小不一的贝壳聚合在一起，南北朝的陶弘景在《本草经集注》中记载："形如聚贝子，故名贝母。"作为大家熟知的一味药材，浙贝母的鳞茎称为浙贝，具有清热化痰、开郁散结的功效。在抗击新冠肺炎疫情的过程中，中国中医药局推荐了"三药三方"，其中的金花清感颗粒中就含有金银花、连翘和浙贝母这三种植物。

浙贝母的种子要找到合适的地方才能发芽，而幼苗长到能开花起码得四年，第五年开的花才能结出果实。浙贝母产于江苏、浙江和安徽三省，有作为药材栽培的，也有野生的。苏州目前有野生浙贝母分布，数量极少，所以我们一定要注意保护，不要随意采摘。

浙贝母果实

天葵

Semiaquilegia adoxoides（DC.）Makino

| 毛茛科 | 天葵属 | 多年生草本 | 花期 3—4 月
果期 4—5 月 |

初春时节，林间、路旁或山谷地的阴凉处总能见着点点黄蕊小白花，五枚细长花瓣，素净雅致，是早春绚烂山花里的一抹小清新。它叫天葵，炎炎夏日或是割麦的季节就很难寻觅其踪影了，所以人们也叫它"夏无踪"或者"麦无踪"。

天葵茎丛生，纤细直立，高约 20 厘米，一枝分三叶，一叶三裂，形状略似鸭掌，光滑无毛。天葵叶正面呈绿色，背面则呈紫色，很是少见，因此又被称作"紫背天葵"。

天葵长有块根，入药又名"天葵子"或"老鼠屎"，大约是因为其块根细小吧。天葵味甘、微苦、微辛，性寒，有小毒，具有清热解毒、散结消肿之功效。它的块根是治疗疮疖肿、扁桃体炎、淋巴结核、跌打损伤常用的中药材，对治疗乳腺炎也是极有效的。

石龙芮

Ranunculus sceleratus L.

毛茛科	毛茛属	一年生或二年生草本	花期 3—5 月 果期 5—8 月

尚是春寒料峭的时节，田边、溪边和水沟边上就能见到石龙芮了。石龙芮茎叶光滑无毛，绿油油的，一丛丛、一片片直立而生。其茎就如空心菜一样为空心，而单看其叶子却和芹菜相似，常被误识为芹菜，因此，民间还叫它野芹菜、假芹菜。

春日耙田插秧之前，农民常会把石龙芮同紫云英、艾蒿等一起割了压入水田的泥土中做绿肥。

春末夏初时，石龙芮开出黄瓣绿心的花来。多朵小花组成聚伞花序，生于茎顶与枝端。五枚闪着奶油光泽的金色花瓣，就是毛茛属的独门徽章。若阳光刚好洒在它细小的金色花瓣上，看着心里十分愉悦。

《本草纲目》称此物"味辛而滑"，叶之口感似古之葵菜，故有"堇葵"之名，又因味辛辣，有"水胡椒""胡椒菜""椒葵"之名。现代研究发现，石龙芮全草含原白头翁素，全株有毒。石龙芮的鲜叶接触皮肤的话可以引起皮炎。如果大量食用石龙芮会危及生命，所以它被认定为有毒植物。

猫爪草

Ranunculus ternatus Thunb.

毛茛科	毛茛属	一年生草本	花期 3 月 果期 4—7 月

每年3月，猫爪草就早早开花了，田野、湿草地、溪边布满星星点点的小黄花，花色明快，野趣盎然，令人心旷神怡。

这种植物的叶片形状多变，单叶或三出复叶，呈宽卵形至圆肾形。生于花茎顶部的花朵娇小玲珑，有五片椭圆形花瓣平展地张开，上边还附有一层蜡质，光滑而油亮，阳光下远远看去，好似亮晶晶的黄色水波纹。尽管猫爪草花茎柔弱，使得小黄花们在风中不停摇摆，却显得无比精神。

猫爪草喜光，也耐阴，喜温暖湿润气候，适应性强，是很好的地被植物。许多花草爱好者们还将猫爪草与绶草、老鸦瓣一同戏称为"草地三宝"。

猫爪草生有不少肉质小块根，一簇一簇的，通常呈卵球形或纺锤形，表面黄褐色，像极了小猫的爪子，故得此名。此块根可药用，具有解毒消肿、散结消瘰之功效，主治淋巴结核、疔疮肿毒、蛇虫咬伤等。

芫（yuán）花

Daphne genkwa Sieb. et Zucc.

瑞香科	瑞香属	落叶灌木	花期 3—5 月 果期 6—7 月

四二

初春的郊外，野草未绿，芫花先开。我们总是先看到那一串串淡紫色的花，摇曳在春风中。

对于芫花的美，早有诗人称赞："芫花半落，松风晚清。" 芫花红紫四瓣，细长如钉，从嫩枝上直接萌发开花，三花或六花一簇，看着满树皆花。夏季结果，果白圆润，肉质晶莹。

芫花过去还被叫作"头痛花""药鱼花"，据说扔水里能毒死鱼。虽然有毒性，但也有药性，有利尿、镇咳、祛痰的功效。全株煮汁后可用作农药，用以杀虫。

掌叶覆盆子

Rubus chingii Hu

蔷薇科	悬钩子属	藤状灌木	花期 3—4 月 果期 5—6 月

温暖的春季，去郊外踏青游玩时，在山道两旁或是灌木丛中，常常可以见到掌叶覆盆子的秀丽身影。它柔软的枝条随风摇曳，白花清新淡雅，绿叶酷似手掌，叶络分明，小心翼翼地衬托着灵动的洁白花朵。

转眼到了 5 月中上旬，此时掌叶覆盆子的果实成熟了，一颗颗形如小草莓，甚是可爱。诚如鲁迅先生在《从百草园到三味书屋》中所提及的，它"像小珊瑚珠攒成的小球，又酸又甜，色味都比桑葚要好得远"。

成熟的覆盆子果实甘甜多汁，营养丰富，可直接食用，是重要的蜜源和药用植物，亦可用来酿酒；而未成熟的干燥果实则可入药，有益肾固精之功效。它还含有丰富的水杨酸等物质，被广泛用于镇痛解热、抗血凝，能有效预防血栓。

当年苏东坡在收到友人送来的一筐覆盆子后，极为感动，作为一枚资深吃货，他特地写信感谢好友："覆盆子甚烦采寄，感怍之至。"这封《覆盆子帖》后来竟然成了国宝。

掌叶覆盆子果实

还亮草

Delphinium anthriscifolium Hance

| 毛茛科 | 翠雀属 | 一年生或二年生草本 | 花果期 3—7 月 |

"**春**去花还在，人来鸟不惊。"

春末夏初，山坡草丛与溪水河畔可以看到一种开着紫色小花的植物，花形酷似翠雀，小簇点缀于枝头，纤柔而惹人怜爱。花下绿叶丛生，叶片清秀葱郁，有些像手掌，又有些像羽毛。这小巧的植物，就是还亮草。

清代植物学者吴其濬在《植物名实图考》中是这样描写还亮草的："横擎紫花，长柄五瓣，柄蠹花歈，宛如翔蝶。"然而与蝶稍有不同的是，翠雀属的花常拖着长长的翘尾，人们称其为"距"，宛若鸟之尾羽。因而还亮草绽放时就像隐匿在青草间欲飞的紫雀一般生动、欢脱、自由。

还亮草株形秀丽，繁密的紫花神秘而充满浪漫色彩。全草亦可药用，具祛风除湿、止痛活络的功效。据《植物名实图考》记载，用其茎煎水可洗肿毒。

毛茛（gèn）

Ranunculus japonicus Thunb.

毛茛科	毛茛属	多年生草本	花期 3—5 月 果期 4—9 月

从春天到初夏，盛开在山路边、山坡上的这些金黄色毛茛花异常瞩目，光彩照人。靠近看会发现沐浴着阳光的花瓣金光闪闪，所以日本人叫它金凤花。与其他开黄花的植物不同，毛茛属的花瓣都有这样的光泽，甚是晶亮。

毛茛又名鱼疗草、鸭脚板、野芹菜、山辣椒，喜生于田野、湿地、河岸、沟边及阴湿的草丛中，基生叶呈掌状分裂，茎约有 50 厘米高，整体比较纤长。毛茛的花朵不小，直径约 2—3 厘米，开花时一大片一大片的，仿佛是忽然冒出来的黄金海洋一般。

毛茛全草含有原白头翁素，有毒，不要轻易触碰，更不可食用；捣碎外敷倒是可以消肿及治疗疮癣。

三叶委陵菜

Potentilla freyniana Bornm.

| 蔷薇科 | 委陵菜属 | 多年生草本 | 花果期 3—6 月 |

— 三叶委陵菜 —

三叶委陵菜是江南最多见的委陵菜属的草，它的叶子特别吸引人的眼球，基生叶掌状三出复叶，小叶片长而圆，叶脉常具有深色线斑，比较好认，因此又有一个名字叫"三张叶"，小叶的边缘还有多数急尖锯齿。当你看到它的时候，或许清晨的露水还留在小叶上，剔透晶亮。

春日暖阳下，三叶委陵菜开出特别的花，花为五瓣，黄瓣黄蕊，一丛丛缀在直立的花茎上，花朵繁密，一片金黄。三叶委陵菜除了萼片以外，还有一个副萼片，与萼片近等长，但是这两层萼片的分布是交错排开的。如果把五个花瓣摘了，两层萼片就像是一个宝石的托。花后结成的果子圆圆的，成熟时鲜红可爱，散布在葳蕤绿叶中，非常明艳。

三叶委陵菜根系发达，生长速度快，蓄水保墒固沙能力强，现在常被栽植在护坡上、立交桥下。它的根或全草可入药，有清热解毒、散瘀止血的功效。

泽珍珠菜

Lysimachia candida Lindl.

报春花科	珍珠菜属	一年生或多年生直立草本	花果期 3—7 月

泽 珍珠菜是苏州常见的一种野草，高尺余，春日里，雪白的花朵在水边成片盛开，如珍珠一般晶润耀眼。它的圆锥花序恰似新娘手中洁白的捧花，每一朵都很精致婉约，像极了迷你百合。

泽珍珠菜亲水，喜欢生长在水边、稻田和湿地草丛中。这样的小野花开在水塘边、低洼处，让人看一眼就不忍离去。泽珍珠菜的美丽完全依托它那总状花序，在它的整个花轴上可以看到不同发育程度的花朵，着生在花轴下面的花朵发育较早，而接近花轴顶部的花发育较迟。虽然对于单朵的小花来说，开放时间非常短，但是对于整个花序轴来说，它始终处于有花开放的状态。

既然名字中带了个"菜"字，泽珍珠菜自然可以作为野菜食用。不仅可以清炒、凉拌、煲汤，甚至可以油炸或清蒸，口感滑腻鲜美，在野菜中独树一帜。全草可入药，有解毒、活血、镇痛的功效；又可用作土农药，水浸液可杀灭害虫。

金樱子

Rosa laevigata Michx.

蔷薇科	蔷薇属	常绿攀援灌木	花期 3—4 月 果期 9—10 月

阳春三月，是出外郊游的好时节，此时苏城山野里到处都能见到大朵大朵开放的金樱子，仿佛满山满坡满树都是。她穿着白云裁剪的绸衫，戴着阳光编织的花冠，耀眼无比。不过金樱子枝上有刺，靠近闻花香时要格外小心。

而到夏末深秋，再进山看金樱子时，白花早已不可见，红果累累挂满枝头。与其别名"糖罐""金罂子"一样，这红果形似罐子，且带刺。懂行的老人常常在此时过来摘果，果子甘甜，还可泡酒喝。但需要注意的是，不是所有人都可服用金樱子酒。

在中医里面，金樱子是一味"固肾、止遗、涩肠"的良药，其应用的历史已经有上千年之久，它的功效也得到了历代医者的验证。而且对于男女诸滑脱之症，金樱子都是可以入药使用的。

金櫻子

鹅掌草

Anemone flaccida Fr. Schmidt

| 毛茛科 | 银莲花属 | 多年生草本 | 花期4月
果期7—8月 |

春日的山野，每天都有新的物种进入花期。在苏州几百种野花中，鹅掌草是小清新之一。鹅掌草在日本叫二轮草，还有一首好听的歌曲《二轮草》家喻户晓。

鹅掌草喜欢生于海拔较高的山谷中、溪水中、林缘草地里。2月，天气转暖，蛰伏于地下的鹅掌草就开始生发出绿叶，再过些时日，就可见绿叶之上擎起的成片白色花朵。远远望去，像绿波里的浮光，让人不由怜爱起来。

其实，鹅掌草的花是没有花瓣的，但它的萼片却像花瓣一样美丽。萼片内侧为白色，而背面是粉色的，素雅清新。

鹅掌草的叶片三全裂，两侧的裂片往往又深裂成两瓣，看起来像是五"爪"形的，鹅掌草因此得名。

鹅掌草的果实成熟后，叶片随即枯萎，地面上失去了它的痕迹，但它的根茎将在地下度过夏、秋、冬三季，准备来年的又一个轮回。这是许多春天开花的草本植物的宿命，对于这样的植物，日本园艺大师柳宗民在《四季有花》一书中称之为"刹那的春光"。短暂的美丽绽放，或许才更叫人相思。

鹅掌草藏于地下的根茎可用作中药材，因其长得有点像蜈蚣，所以称之为"蜈蚣三七"，是一种治疗跌打损伤的著名药材。

活血丹

Glechoma longituba（Nakai）Kupr

唇形科	活血丹属	多年生草本	花期 4—5 月 果期 5—6 月

— 活血丹 —

活血丹是一种低调的小花，它们常默默开放在春风里，即使聚集成片，也毫不张扬，谦虚地低着头。

作为唇形科植物，活血丹的花朵非常容易辨识，唇形花冠，有上下唇之分。花冠淡蓝、蓝或紫色，冠筒直立，有长筒与短筒两型，像一件花衣裳穿在身上。下唇瓣上点缀着不规则的紫色斑点，召唤昆虫前来采蜜。

活血丹的花语是留心，寓意留心沿途的美景，表示人生就像一段路程，重要的不是目的地，而是沿途的风景。活血丹正是这般随心所欲地沿途而生，生于林缘、疏林下、草地中、溪边等阴湿处。植株一般匍匐生长，匍匐茎上逐节生根，大片盛开，是可以让大地展开花毯的美丽野花。由于其耐阴、耐寒、长久青绿，也成了常见的园艺植物。

活血丹别名"遍地香""金钱艾""接骨消"等，是一味良药，其味辛、性凉，既可口服，又可外用，具有利湿通淋、清热解毒、散瘀消肿等功效。

通泉草

Mazus pumilus（Burm. f.）Steenis

| 玄参科 | 通泉草属 | 一年生草本 | 花果期 4—10 月 |

通泉草，顾名思义，是长在有水地方的一种野草，在野外，遇见了通泉草，一般就能找到水源了。"……万事万物都已经默默地被安排好了秩序，一切其实不必担心，就像通泉草，总是装饰着指水的野径，就像指水的野径，总是通往着你如清泉般的心。"不知这段话的出处，但它的每一个字都打动人心。

从 4 月起，通泉草就开花了。它的花筒和上唇瓣极其短小，几乎没有，下唇瓣却很宽大，中间两棱凸起，点缀着规则对称的土黄色斑点，只在瓣端浅浅三裂，整个看上去像一只瞪得大大的眼睛；总状花序生于茎、枝顶端，常在近基部生花，伸长或上部呈束状，花萼为钟形，花冠为白色、紫色或蓝色。通泉草植株矮小，花朵也很小，但花完全开放后，像一只滑翔的小鸟，非常可爱。

在不同生境下，通泉草形态变化很大，有直立的，也有倒卧的，叶片和花的大小也相去甚远，分枝披散，着地部分节上会长出不定根。

通泉草全草可药用。春、夏、秋可采收，洗净后鲜用或晒干，可止痛、健胃、解毒、消肿。

满山红

Rhododendron farrerae Sweet

| 杜鹃花科 | 杜鹃属 | | 落叶灌木 | 花期 4—5 月
果期 6—11 月 |

"惟有此花随越鸟，一声啼处满山红。"满山红，光是听名字就觉得非常艳丽了。春暖花开时，林间片片桃红或紫红色，亮丽夺目，精彩至极。

有如此美色，着实很难低调。

满山红喜爱凉爽湿润的气候，常生于干燥石质山坡、山脊灌木丛中。花通常两朵顶生，花瓣长圆形，先端钝圆，花冠似漏斗模样，约寸长，外有柔毛。叶厚，纸质或近于革质，呈椭圆披针形，边缘微微反卷，常常几片集生于枝顶。蒴果椭圆状卵球形，密被亮棕褐色长柔毛。

满山红高1—4米，枝繁叶茂，绮丽多姿，苏州地区均为野生。

满山红可入药，气芳香特异，味较苦、微辛，有止咳、祛疾之功效，可治慢性支气管炎、咳嗽。但满山红中含有棂木毒素，切不可长期或大剂量服用。

夏天无

Corydalis decumbens（Thunb.）Pers.

| 罂粟科 | 紫堇属 | 多年生草本 | 花期 4—5 月 |

夏天无，又名伏生紫堇。这种草本植物在春末时就已完成了开花、结果的生命周期，一到夏天就销声匿迹了，故而名曰"夏天无"。其实很多林下的小精灵都是这样，在秋冬肆意吸收阳光，存储能量，到春天绽放一生的光华。

暖春时分，低山草坡上的夏天无开花了，花茎柔弱细长，高 10—25 厘米，上边生出一穗穗小花，花色或粉白，或浅紫，或淡蓝，每簇八九朵的样子，每朵皆四枚花瓣，两侧反卷，后面还拖着一根翘起的小尾巴，如同一只只小鸽子立在枝头，眺望着远方山色美景。嫩叶三片一生，就像小萌宠的爪子，阳光下鲜翠欲滴，随风轻舞。

夏天无喜凉怕高温，其块茎也就是根部中含多种生物碱，可入药，有舒筋活络、行气止痛、祛风除湿之功效，对风湿关节痛、跌打损伤、腰肌劳损和高血压有很好的治疗效果。

紫花堇菜

堇菜

Viola verecunda A. Gray

| 堇菜科 | 堇菜属 | 多年生草本 | 花期 4—5 月
果期 6—8 月 |

春日，苏州郊外的山坡上、田野里、溪流边总能见到一丛丛繁星点点的五瓣小花，或淡紫色，或奶白色，或深粉色，甚是好看，其中最经典的花色介于紫色与深粉之间，它还有个很诗意的专用名——堇色。

这些开着堇色小花的草本植物，就叫堇菜，是春天的小美人，有时从台阶下长出，竟不如台阶一半高。堇菜花朵虽小，但颇为精致，它们交头接耳，气氛活跃，好不热闹。花下衬着绿叶，经络分明，低调而优雅，与活泼的花精灵们相伴，一静一动，画面实在有趣。

全世界的堇菜属植物有550余种，我国则有近百种，堇菜便是其中之一。苏州常见的有箭叶堇菜、长萼堇菜、紫花堇菜、心叶堇菜、如意草、鸡腿堇菜、紫花地丁等。

从古至今，堇菜常被当作野菜来食用，也可用作猪饲料或绿肥。堇菜全草可供药用，有清热解毒、消肿散瘀之效。

长萼堇菜

心叶堇菜

紫花地丁

七二

— 堇菜 —

如意草

白花箭叶堇菜

紫花箭叶堇菜

蒲公英

Taraxacum mongolicum Hand.-Mazz.

菊科	蒲公英属	多年生草本	花期 4—6 月 果期 5—10 月

"小"学篱笆旁的蒲公英，是记忆里有味道的风景……"周杰伦的歌词里这样唱着。是呀，蒲公英是多少人童年的回忆啊！

放学回家的路上，孩子们若在路边见着蒲公英，心中顿生狂喜，赶忙摘下一枝捏在手里，鼓起腮帮子对着绿茎上毛茸茸的白球蓄力一吹。霎时，白球上的"小伞兵"起飞了，在空中慢悠悠地飘着，纷纷扬扬，如絮如纱，随风不知去向何处。

它们的下一个家，也许是附近的公园，也许是山坡草地，也许只是无人问津的墙角旮旯……而那小伞似的毛茸种子，也不挑不拣，随遇而安，飘落在哪里，便在哪里落地生根了。

蒲公英开明黄色舌状小花，花药和柱头呈暗绿色；叶片则为倒卵状或披针形，边缘有齿。

蒲公英是药食兼用的植物。其嫩苗可食，在野菜谱中它叫"白鼓钉"，又叫"孛孛丁菜"。入药则具有清热解毒、消肿散结的作用，对治疗妇人乳痈和各种疮疖有良效。唐代名医孙思邈在《千金方》里也曾说到，涂抹蒲公英根、茎里的白汁，可治背疮。

猫眼草

Euphorbia esula L.

大戟科	大戟属	多年生草本	花期4—6月 果期6—10月

猫眼草，由于形状像猫的眼睛，故而得名；猫的眼睛善变，因此猫眼草的花语也是善变。

猫眼草茎单生或丛生，很多分枝。其叶如柳，两两互生。茎顶端也有绿叶，稍染亮黄，平展对称，两片叶合成厚唇形，很是别致。当中缀着黄绿色小花，如同系在叶上的小铃铛，正面看口开裂，跟开心果似的。一簇雄花拥着高高的雌花，花虽小，但小而精致。

除了开花的草茎，猫眼草还有另一种茎，无花，即"不育枝"。这种草茎一般生长在根部，矮矮的，叶片更像松针，也没有叶柄。

猫眼草又叫"乳浆大戟"，种子含油量达30%，可供工业用。猫眼草作为传统中草药，有祛寒、止咳平喘、拔毒止痒、利尿消肿之功效，还具有一定的抗菌、抗病毒作用。

紫云英

Astragalus sinicus L.

| 豆科 | 黄耆属 | 二年生草本 | 花期 4—5 月
果期 3—7 月 |

记得儿时总喜欢在紫云英的花田里打滚，衣服上沾染了浓浓的天然香气，那时候拂面吹来的风是氤氲温柔的。

紫云英长茎匍地，枝枝丫丫，也能长到尺余高，叶片是一长条的羽状复叶，小叶呈椭圆形。盛开的紫云英花很像一把把撑开的小伞，又有点像重瓣的莲花，花瓣一半是浅紫色，一半是粉白色，因此，苏州人也叫紫云英为"荷花郎"或者"红花郎"。成片的紫云英在风中如紫云般飘摇，是春天蔚为壮观的美景。紫云英花蜜极有营养，是养蜂人必不可少的蜜源植物。

紫云英是传统的有机肥，明清时代就作为稻田绿肥在长江中下游地区大面积种植。用紫云英浸润过的土地绵软疏松，比化肥更适于植物生长。每年秋天，农民会在田里种下紫云英，待来年春耕开始时，紫云英被翻耕入土，滋养农田。所以不管几耕几种，紫云英都会在春天如约而至，滋养土地，静待下一个轮回。

梓木草

Lithospermum zollingeri A. DC.

| 紫草科 | 紫草属 | 多年生匍匐草本 | 花果期 4—8 月 |

在苏城郊外的山坡上，遇到了几株梓木草，高 5—25 厘米，一朵朵精致的蓝花开在杂草丛中，美得摄人心魄。蓝色是忧郁的颜色，当遇上阳光，又是最纯净的颜色。

梓木草最特别之处是它亮蓝色的五星花朵，沿着五裂的花冠，中央生出五条白色星光状隆起，像是少女蓝色裙子上故意设计的五条白色褶皱。花盛之时，又恰逢萤火虫飞舞之际，梓木草花上的白色隆起与叶丛中的闪闪萤火遥相呼应，相得益彰，因此在日本，梓木草的名字叫萤葛。花开过后，梓木草会从根上萌发出不开花的草茎，这些草茎上发出的新根明年春天会再生出新的草株，老的草根也随之枯萎。

梓木草结的果实为斜卵球形，乳白色，平滑光亮，腹面中线凹陷呈纵沟，看上去像个迷你桃子。它是一味中药，就是大名鼎鼎的地仙桃，可消肿、止痛，治疗疮、支气管炎、消化不良等症。

筋骨草

Ajuga ciliata Bunge

唇形科	筋骨草属	多年生草本	花期 4—8 月 果期 7—9 月

— 筋骨草 —

筋骨草，又名"白毛夏枯草"，《本草纲目拾遗》谓其"叶梗同夏枯草，惟叶上有白毛"，故得此名。因其止血效果堪比金疮药，它还有"散血草""破血丹"等别称。在民间，若是碰伤流血，人们就会采来筋骨草捣烂敷在患处，可助止血生肌，神奇得很。

筋骨草喜湿润，常生长于林下、湿地，有时也能在河堤、石墙之处寻到它的踪迹。春天，筋骨草抽出一条条紫红或紫绿色的四棱形匍匐茎，茎尖开出一簇簇轮伞花序的白花，极微小，一朵朵仿佛咧嘴笑着，花瓣上还有紫斑点缀，很是精巧。叶片纸质，通常为卵状椭圆形或狭椭圆形，边缘呈齿状。

筋骨草性味苦寒，有清热解毒、清肺化痰、凉血止血之功，除治疗跌打损伤外，它还可用于医治上呼吸道感染及肠胃炎等症状。

野芝麻

Lamium barbatum Sieb. et Zucc.

唇形科	野芝麻属	多年生草本	花期 4—6 月 果期 7—8 月

野芝麻并不是野生的芝麻，只是因为野芝麻的茎、叶有一股芝麻味，也和芝麻那样绕节开白花，又在野地常见，才被叫作野芝麻。

野芝麻一丛丛生长在阴湿的路旁、山坡或林下，叶片团而尖，边缘有齿锯，面绿背淡，密披短硬毛，有些刺手。

阳春时节，野芝麻开花了。轮伞花序着生于茎端，花萼钟形，花冠白色，偶有浅黄色，一朵朵直立着，上瓣向下覆盖，如同灶台上的水勺，下瓣基部紧收，瓣端舒放，圆小双歧，两旁短缺，上面布有对称有致的咖啡色斑纹。野芝麻的雌、雄蕊绕了一大圈后从花朵的上唇向下伸出，而下唇则方便传粉动物停靠。

野芝麻可用于治疗子宫及泌尿系统疾患，全草可治跌打损伤、小儿疳积。

苦荬（mǎi）菜

Ixeris polycephala Cass. ex DC.

菊科	假还阳参属	一年生或二年生草本	花果期 4—6 月

— 苦荬菜 —

苦荬菜的样子一点也不苦，春天花茎生出头状花序的小黄花，密集排成近伞形，花的个头和形状同小菊花有些相似，张开的舌状花瓣中间吐出丝丝橙蕊，很是好看，清新而甜美。

这种在田边怒放的亮黄色小野花，高10—30厘米，茎光滑，叶片呈线状披针形，先端渐尖，稀羽状分裂。

苦荬菜俗名"牛舌菜"，是可食用的野菜。古时人们把苦荬菜归到"苦菜"里。当时，苦菜被称为"荼"。《诗经·邶风·谷风》里有一句"谁谓荼苦？其甘如荠"，大约是描写诗中女主人公心中悲苦：在她看来，与自己内心的伤痛相比，苦菜的味道已是甜如荠了。

南宋诗人王之望的诗作《龙华山寺寓居十首·其七》，描写的正是苦菜的鲜美，诗曰："羊乳茎犹嫩，猪牙叶未残。呼童聊小摘，为尔得加餐，仗马卑三品，山雌慕一箪。朝来食指动，苦菜入春盘。"

苦荬菜全草可入药，具清热解毒、止血生肌之功效。同时，它也是很好的饲料，可用来喂养鸡、鸭、鹅、猪等。

多色苦荬

Ixeris chinensis subsp. versicolor
（Fisch. ex Link）Kitam.

| 菊科 | 苦荬菜属 | 多年生草本 | 花果期 4—8 月 |

春日的乡村，开满了这种可爱的小花，高6—30厘米，跳跃在田间小路上。

它有一个让人心动的名字：多色苦荬。多色苦荬根垂直或弯曲，不分枝或有分枝；头状花序多数，在茎枝顶端排成伞房花序或伞房圆锥花序，花序梗细。舌状小花多为黄色、白色或红色，"多色"之名可能由此而来。

多色苦荬的花虽小，随风摇摆，气场却十足。然近午时分，花会挛缩、闭合，煞是有趣。在吴中区临湖镇拍到的这一丛多色苦荬，有含苞待放者，有迎风怒放者，也有低眉垂首者……

再纤小的物种都有其美妙之处，我们要停下脚步，慢慢体味。

瓜子金

Polygala japonica Houtt.

| 远志科 | 远志属 | 多年生草本 | 花期 4—5 月
果期 5—7 月 |

瓜子金属远志科远志属。关于"远志"，《世说新语》中有这样一个故事：东晋谢安曾隐居不仕，后来朝廷多次征召，他迫不得已接受了桓温司马这个职位。当时有人给桓温送了很多药草，其中有一味很特别，根部叫"远志"，叶子部分却叫"小草"。桓温就问谢安，为什么一种药草有两种称呼？有个大臣一语双关地说，隐于山中为远志，出山则为小草。这实际上是讽刺谢安在隐居的时候志向高远，出仕以后却像小草一样随世沉浮。其实谢安并没有随波逐流，只是通达人情世故而已。后来他挫败桓温篡权阴谋，淝水之战更是以少胜多，确保了东晋国家安全，立下不朽功勋，成为后世榜样。

瓜子金植株矮小，根却很长，因此在云南等处也把它称为"紫花地丁"。它的叶片镶着一圈红边，筋脉分明，向上靠着直立的茎秆，别具一格。清明过后，浓紫色的小花绽放在茎端，每朵花口挂着一簇淡色的流苏，一丛丛稀稀拉拉地散落在山间路边，小小的一丛却很显眼。古人觉得这种植物的叶片如同瓜子，因此就叫它"瓜子金"。

瓜子金是从前医生倚重的一种外用草药，碰到跌打损伤、痈疽肿毒，一般都要用到它的茎叶和根，可活血止血、安神解毒。

华东唐松草

Thalictrum fortunei S. Moore

毛茛科	唐松草属	多年生草本植物	花期 4 月 果期 7—8 月

春天了，让我们赶一场华东唐松草的花会吧！

华东唐松草的名字来源于日本，因为簇生在一起的球状雄蕊像极了落叶松的叶子，而日本人觉得他们的落叶松长得像唐朝画上的松树，所以就称之为"唐松"。

华东唐松草很特别，它没有花瓣，只有四片小小的花萼，白色或淡堇色，倒卵形，但是花开后萼片会早早脱落，只剩下一团细如丝状的紫色雄蕊形成一个球状，雄蕊的上部花药呈现不一样的颜色，似乎像是特意设计过的点缀，中间的雌蕊就是这个小花球的装饰品。

华东唐松草生长在山坡或山沟的林下阴湿处，能在崖壁下、沟谷边等一些地方见到它们。在深色岩石的背景下，它们就好像一团散开的迷你烟花。春日山花烂漫，华东唐松草兀自随风摇曳在斑驳光影中。你若是愿意蹲下身来仔细观察，便会发现它纤纤玉立，自带一种华彩，这种华彩让你一眼就喜欢。和这样的小花对话，真需要一颗不浮躁的心。

华东唐松草地下有着长长的黄色须根，末端略略膨大，形同马尾，药用名叫"大叶马尾连"。马尾连就是马尾黄连，也是现代植物学东渐以前唐松草在中国的名字，能代替黄连，具有清湿热、消肿解毒的功效。

蓬蘽（lěi）

Rubus hirsutus Thunb.

蔷薇科	悬钩子属	多年生草本	花期 4 月 果期 5—6 月

— 蓬蘽 —

李时珍《本草纲目》里说，蓬蘽"生丘陵间，藤叶繁衍，蓬蓬累累，异于覆盆，故曰蓬蘽"。蓬蘽有三小叶或五小叶组成的复叶，与掌叶覆盆子掌状分裂的单叶相区别。蓬蘽的花开在春天的4月里，和麦苗一起成长，也会长在田埂上；花萼外密被柔毛和腺毛，花瓣呈倒卵形或者近圆形，洁白若雪，似乎有一场草坪婚礼将要举行了。

5月当小麦成熟的时候，蓬蘽红彤彤的果实也成熟了，别看"蓬蘽"这个词很多人都不认识，但我们小时候可能还吃过它们呢。它的果肉软绵绵的，味道很像覆盆子，口感酸酸甜甜，甚是可口。

不光是果实，蓬蘽全株及根入药，能消炎解毒、清热镇凉、活血及祛风湿。据明代倪朱谟编撰的《本草汇言》记载："蓬蘽，养五脏，益精气之药也。"

蓬蘽果实

映山红

Rhododendron simsii Planch.

杜鹃花科	杜鹃属	落叶灌木	花期 4—5 月 果期 6—8 月

映山红是杜鹃花的一种，是春天苏州山里最美丽的野生花卉之一，就像它的名字一样，充满了诗情画意。杜鹃花被赞为"花中西施"，源自白居易的"闲折两枝持在手，细看不似人间有。花中此物似西施，芙蓉芍药皆嫫母"这首诗。偏爱之下，连荷花和芍药都被贬为"丑女"了。

映山红花朵较大，花冠为漏斗状，颜色很丰富，有玫瑰色、鲜红色和暗红色等。立夏之时，若是去城西一带的山里，在有阳光洒落的杂木林里一回头，定能收获瞥见那一丛映山红时的惊喜。

宋代诗人杨万里的诗最能写出映山红的惊艳之美："正是山花最闹时，浓浓淡淡未离披。映山红与昭亭紫，挽住行人赠一枝。"当你漫步在山花烂漫的山坡上，唯有映山红最吸引你的眼神，她仿佛挽住你的手，含笑赠你一朵花，果真让人心荡神驰。

华东木蓝

Indigofera fortunei Craib.

豆科	木蓝属	灌木	花期 4—5 月 果期 5—9 月

华东木蓝常生于低海拔的山坡疏林或灌丛中，高可达 1 米。

清明后，华东木蓝开花了，粉紫粉紫的小花串在纤细的枝头，花瓣两端翘起，细看有短柔毛，甚是俏皮。花叶鲜翠欲滴，呈椭圆状或卵状披针形，与花色相映，显得整丛灌木色调鲜亮明快。

夏秋时，华东木蓝还会结出褐色的荚果，与绿豆和决明子有几分相似，开裂后果瓣旋卷，很有趣，内果皮上还能看到斑斑点点。

华东木蓝也叫作"和琼木蓝""野蚕豆根"。其根和叶可以入药，性味寒、苦，有清热解毒、消肿止痛之功效，能治咽喉肿痛、肺炎、蛇咬伤等。外用适量，鲜叶捣烂敷患处即可。

女娄菜

Silene aprica Turcz.

| 石竹科 | 蝇子草属 | 一年或二年生草本 | 花期4—6月
果期6—8月 |

女娄菜通常生长在山坡、草地上，在我国很多地方都能见到。深春初夏，是女娄菜的花季。花茎相对而生，形成圆锥花序。它的花萼鼓囊囊的，时机一到，便有一朵朵小花从中钻出，纯白色的花瓣铺展开，背面则隐隐染紫。待花凋零后，花萼又渐渐伸长，将果实包裹起来。

这种草本茎上的叶窄长，似竹，两两对生。叶片味苦，将其苦味除去后，可作为野菜食用，具有活血调经的作用，对女性极有好处。

女娄菜又名"对叶草""金打蛇""罐罐花"等，全株可入药，夏秋季采集，除去泥沙，鲜用或晒干，除活血调经外，还有健脾行水、解毒、通乳消肿之功效。

半夏

Pinellia ternata（Thunb.）Breit.

天南星科	半夏属	多年生草本	花期 4—6 月 果期 8—9 月

若是家里正好有咳嗽药水，可以看一下成分，肯定有半夏这味药。入药的是植物半夏的块茎，有毒，需经处理才能服用，主治伤寒寒热、咽喉肿痛和咳嗽。将块茎晾干后磨成粉，再加水做成药膏，据说能缓解足部疲劳。

《礼记·月令》中说，"仲夏之月"，"半夏生，木堇荣"。夏天过了一半，就可采挖半夏的块茎用来制药了，故而这种草就叫"半夏"。

半夏的花形态非常独特，花轴顶端细长，好像拉长的丝线。佛焰苞碧绿色，下半部分呈管状，将花穗包裹起来；上半部分张开，为暗紫色，顶端弯如蛇头。半夏是雌雄同株，花也分雌雄，就藏在佛焰苞之中，长得挺复杂，可以细心观察一下。半夏的叶子倒是比较寻常，一株只长一两片，待长大，叶片就变成了三全裂，也就是吴其濬在《植物名实图考》"半夏"条中说的，半夏都是"一茎三叶"。

半夏的生命力特别顽强，只要有一点块茎在地里就能重生，这份坚强，让人动容。

白花鬼针草

Bidens pilosa var. radiata L. Sch. -Bip

| 菊科 | 鬼针草属 | 一年生或多年生草本 | 花果期 4—10 月 |

—— 白花鬼针草 ——

乡村的春天总是令人期待，到郊外踏青，看到路边开满了一片片白花，清秀可人，一副与世无争的模样。走近一看，原来是白花鬼针草，看似"人畜无害"，却有其厉害之处。

白花鬼针草高 30—100 厘米，花期长，生命力旺盛，总是连片发展，抢占其他植物的阳光和营养。

白花鬼针草的花瓣舌片呈椭圆状倒卵形，呈白色，显得别具一格，配上中间圆盘状的金黄花蕊，故又称"金杯银盏""金盏银盆"。

白花鬼针草茎秆是钝的四棱形，大片对生的三出复叶既是它的特点，也更突出了白花的纤巧。

白花鬼针草成熟的果实，就是我们最讨厌的刺，一根根聚了满头，每个针状果实上都有两根带倒刺的角，角上的刺与其他刺方向相反，一旦碰到衣服或者动物，它就能牢牢粘住。

白花鬼针草也有自己的小骄傲：花能为蝴蝶和蜜蜂提供蜜源；每年春天嫩叶可食；全株入药还能清热解毒，甚至提取出抗癌物质。

— 白花鬼针草 —

白花鬼针草的花与果

刺果毛茛

Ranunculus muricatus L.

| 毛茛科 | 毛茛属 | 一年生草本 | 花果期 4—6 月 |

生长于道旁、田野、杂草丛中的刺果毛茛，茎高 10—30 厘米，是苏州春天最常见的野花之一。和蛇莓一样开着黄色的花，但刺果毛茛显然要霸气得多，密匝匝的叶子铺在地上，油光水亮；亮黄色的花朵高高挺立，随风起舞。

刺果毛茛的叶子乍看像药芹菜叶，圆扇形，呈掌状分裂。看看它的果实，就会明白它名字的由来——每个果表面都有刺，非常适合动物传播。其实，小刺球并没有什么杀伤力，轻轻碰触一下也无妨，可能只是刺果毛茛保护自己的一种方式而已。刺果毛茛全草及根可入药，有祛湿、解毒、止痛功效。

这美丽的野花，不过只有一年芳华。作为一年生的小草本，你所看到的刺果毛茛，其实年年相似不相同。

野老鹳草

Geranium carolinianum L.

牻牛儿苗科	老鹳草属	一年生草本	花期 4—7 月 果期 5—9 月

一一二

野老鹳草名字怪。原来，它在花谢后，花柱残留在果实上，随着果实的膨大，花柱也慢慢伸长，有宿存花柱，形似鹳喙，因此得名，又有别名"两只蜡烛一枝香"。

野老鹳草常见于平原或低山荒坡杂草丛中。它的花序呈伞形，花梗与总花梗相似，花瓣淡紫红色，倒卵形，细巧淡雅，花冠深深五裂，每一枚裂片上纹着三条细线，淡黄色的花蕊围着淡黄色的花柱镶嵌其中，惹人垂青。

野老鹳草遍布田野地头，每年果实成熟后，种子都会在当年萌发，以幼苗形式越冬。它的果实色彩丰富，夏天多为绿色，成熟的果实呈黑色，使劲一拽它长长的喙，种子会猛地弹射出来，撒向远方，继续生长。

野老鹳草全草入药，有祛风收敛和止泻的功效。

半枝莲

Scutellaria barbata D. Don

| 唇形科 | 黄芩属 | 多年生草本 | 花果期 4—7 月 |

遇见半枝莲，纯粹是被它的美貌吸引，花虽小，但丛生密集，花繁艳丽。半枝莲常生于水田边、溪边或湿润的草地上，水边湿地的植物总有些凌波仙子的感觉，让人看了心生欢喜。

半枝莲枝干笔直，株高约30厘米，对结对叶，每一片叶子的叶腋之下会长出一朵花。每一朵花像是缩小版的喇叭花，越靠近内部越窄，花蕊深藏在花朵之中，并不外露。花朵通常呈紫色，整朵花的颜色呈现由内至外的渐变色，十分美丽。等开花后就可以结出褐色的果子，呈扁平状。

半枝莲别称"狭叶韩信草"，不仅颜值高，还是一味药草，对腰腿疼痛有很好的治疗效果。

半枝莲的花语是阳光、朝气，越是天气炎热，它开得越是明艳。

野蔷薇

Rosa multiflora Thunb.

蔷薇科	蔷薇属	落叶攀援小灌木	花期 4—5 月 果期 7—10 月

蔷薇在我国历史悠久，东汉《神农本草经》将蔷薇列为上品，名为"营实"，又名"墙蘼""墙薇"等。李时珍在考据中做了解释，说："此草蔓柔蘼，依墙援而生，故名墙蘼。……其子成簇而生，如营星然，故谓之营实。"直至魏晋医书《名医别录》中，才始称其为"蔷薇"。

野蔷薇属于蔷薇科蔷薇属，事实上，并没有一种特定的植物名为"蔷薇"，我们常说的蔷薇，一般指野外的野蔷薇，也泛指其他蔓生性的蔷薇属植物。古人也不甚区分，常以"蔷薇"代指蔷薇属植物。

暮春时节，大部分花相继凋零的时候，野蔷薇仍开得那么张扬，盛放的花朵缀满枝头，压弯了纤细的枝条。走到跟前闻一闻，那花香，带着山野的味道。

野蔷薇生命力极强，无论城市还是山村，路边随处可见它的身影。野蔷薇生来朴素，个性却极强，就连藤蔓上都长着许多短小的刺。向着阳光，野蛮生长，说的大概就是野蔷薇这样的植物。野蔷薇多为单瓣，常见园艺栽培品种中，粉红色重瓣的叫"七姊妹"，白色重瓣的叫"白玉堂"，都很好听。

野蔷薇的花语是浪漫、自由，它开在最美好的时节，带着浪漫迷人的气息，自由自在地开在栅栏上，开在山路上，开在天地间。

野薔薇

金银花

Lonicera japonica Thunb.

忍冬科	忍冬属	多年生半常绿缠绕及匍匐茎灌木	花期 4—6 月（秋季亦常开花）果期 10—11 月

一二〇

— 金银花 —

每年 5 月，走在乡下的小路上，总会被金银花的香气吸引，喜欢采一些回家插在瓶子里，收藏一室清香。

金银花近地面而生，常缠绕在旁边别种树枝上，向上而长，叶儿青翠欲滴。黄白相间的花或披覆在树冠，或垂于枝头，花有五枚披针形花瓣，如五角星，随林荫下光斑摇曳而闪烁，不仅美丽，而且芬芳。刚开的时候花是白色的，过了两三天就会变成金黄色，这就是金银花名称的由来。

金银花自古被誉为清热解毒的良药，性甘寒，气芳香，甘寒清热而不伤胃，芳香透达又可祛邪，用于身热、发疹、热毒疮痛、咽喉肿痛等血性病症，均效果显著。

从前，花露在苏州十分流行，清代顾禄《桐桥倚棹录》卷十记载了当时花露制售的盛况，其中的金银花露我们现在还常用在痱子或蚊虫叮咬处，可祛痱、止痒。金银花露可以通过水煮金银花朵，冷凝收集其蒸汽即蒸馏而得。

金银花在最开始被称为忍冬，因为它凌冬不凋；又因为花都是一对双生，所以又叫鸳鸯藤；而花形似白鹭，又有鹭鸶藤之名。

半边莲

Lobelia chinensis Lour.

| 桔梗科 | 半边莲属 | 多年生草本 | 花果期 4—10 月 |

半边莲形如半朵睡莲，花生半边，一茎一花，造型极为独特，让人过目不忘。它们喜爱生长在潮湿的田埂或溪流边，就地细梗引蔓，节节生根。半边莲开紫色或白色花，淡雅别致。花开时，由内而外散发着一种触动心灵的美，令人不禁感叹大自然的神奇。

南方民间有传说，当年观音大士为普度众生，救苦救难，便将半座莲台留在人间，这才化为半边莲。因莲台曾受玉净瓶中甘露洗礼，毒物无法靠近，于是民间又有了"家有半边莲，可以伴蛇眠"的夸张说法。

不过，半边莲能暂缓蛇毒倒确有其说。《本草纲目》记载："治蛇虺伤，捣汁饮，以滓围涂之。"人一旦不幸被毒蛇所伤，如能及时采到半边莲，捣成汁饮下，以渣滓围着伤口涂抹，可解一时之危急。因半边莲长蔓拖地极似绳索，故而还被人们称作"急解索"。半边莲全草可供药用，有清热解毒、利尿消肿之功效。

别看半边莲花朵长得小，自播能力却极强，养一株在缸中，很快就能得到又漂亮又茂密的一大盆，因此它素有"花坛皇后"之美誉。半边莲匍匐茎也能生根，若大面积栽种，很快就能覆盖一方土地。

单花莸

Caryopteris nepetaefolia (Benth.) Maxim.

| 唇形科 | 莸属 | 多年生草本 | 花果期 5—9 月 |

莸 草类大多是非常紧密的聚伞花序，如大家很熟悉的兰香草；而单花莸则是单花腋生，非常少见，所以得了这么一个名字。

　　春回大地的时候，单花莸的叶腋中就会吐露出一个个小花蕾，再到花瓣绽开，最后得以一睹单花莸的芳容。单花莸的花非常美丽，雅致的淡蓝色，四片花瓣两两对生，拖着一枚长长的、洒满紫色斑点的唇瓣，其中蕊柱伸扬反顾，独朵着生，纤柄悠悠，远远看去，像一只只翩翩起舞的蝴蝶。想象一下林间杂草丛中开满了绚丽的单花莸，该有多美！

　　单花莸喜欢长在阴湿山坡、林边、路旁或水沟边，它的茎在基部分枝后稍作匍匐便直立上升，每根茎的下部木质化。每个小枝都呈四方形，有棱有角，而且有向下弯曲的柔毛，宽卵形的叶片对生。单花莸独特的气味来自其叶片腺点中的油体，从中提取物可以制药。

茅莓

Rubus parvifolius L.

蔷薇科	悬钩子属	落叶小灌木	花期5—6月 果期7—8月

走在野外，真是处处惊喜。突然在山坡的杂木林下探出几朵粉红小花，让人心情为之一振。走近细观，原来是可人的茅莓。茅莓花瓣呈卵圆形或长圆形，粉红至紫红色，紧紧地皱缩在一起，就像是一个羞涩的小女孩。茅莓的花萼很强大，顶端渐尖，有时条裂，开花结果时均直立开展，在果期保护着红色的果子。

茅莓枝上有刺，会像藤一样缠绕在树木上生长，有时候要摘果子，免不了会被扎几下。它的叶子也很漂亮，那种绿色始终透着春天的新叶气息。

茅莓的果子酸酸甜甜，非常可口，据说对治疗尿结石有效，当然，如果拿果子泡酒的话，效果会更好。不仅果子，茅莓的根、茎还有叶都可以当作药物使用，其清热凉血的效果十分明显，而且具有利尿和消肿等多种功效。

茅莓果实

小果薔薇

Rosa cymosa Tratt.

薔薇科	薔薇属	攀援灌木	花期 5—6 月 果期 8—10 月

小果蔷薇也叫山木香，多生于向阳山坡、路旁、溪边或丘陵地，像瀑布一样倾泻而下，在远山绿叶之间，只要看到大团大团的白花，基本就可以确定是小果蔷薇了。

远远看去，小果蔷薇枝干与叶亲密地交织着，洁白的花瓣像铺在枝叶上的一层厚厚的白雪，像一首无声的诗，又像一幅立体的画。如雪的花瓣，给开始略有些炎热的春夏之交带来几分清爽和恬静。

乡下山间的小果蔷薇开得最狂野，花盛时节，漫山遍野开得一片疯狂。长满刺的藤蔓攀附在树木上，"百丈蔷薇枝，缭绕成洞房"。深情的小果蔷薇，用自己的花枝藤蔓，织就了"洞房"，芬芳花香吸引蝴蝶、蜜蜂纷沓而至。

小果蔷薇可作为蜜源植物，花可提取芳香油。根入药有祛风除湿、止咳化痰、解毒消肿的功效，可治疗小儿夜尿。

小果蔷薇果实

轮叶过路黄

Lysimachia klattiana Hance

| 报春花科 | 珍珠菜属 | 多年生草本 | 花期 5—6 月
果期 6—7 月 |

轮叶过路黄，也叫轮叶排草。它的叶非常特别，狭长的叶片没有叶柄，在茎节上一轮一轮着生，顺着草茎层层累叠，茎端密聚，茎下稀疏。

轮叶过路黄茎簇生直立，通长尺余，并无分枝，密被着铁锈色柔毛，常常藏在疏林下、山坡阴处草丛中。它的模式标本采自江苏，但在苏州并不常见。

和过路黄一样，轮叶过路黄的花开在小满时节，大朵大朵的黄花聚集在草茎顶端，花下装饰着那密密的叶轮，茎节上也着生一朵两朵。初夏时节，走着山路，蓦然见着，苍绿明黄，总不免为它明丽静好的容颜所折服。

络石

Trachelospermum jasminoides（Lindl.）Lem.

夹竹桃科	络石属	常绿木质藤本	花期 5—6 月 果期 9—10 月

络石的茎触地后易生根，《本草纲目》记载了其名由来："以其包络石木而生，故名络石。"

作为典型的夹竹桃科植物，络石花的花瓣和夹竹桃的一样，朝同一个方向旋转，像一架小风车，又因为它花香如茉莉般浓郁，所以被称为"风车茉莉"。俗语有云：络石花开，好运自来。

络石适应性极高，攀爬能力很强，长可达10米；但它只是依附于其他树木去看看更远的风景，不会对依附者造成其他伤害。所以络石是庭院里理想的地被植物，也可用作疏林草地的林间、林缘地被，或者作盆栽观赏之用。

络石的茎皮纤维拉力强，可制绳索、造纸。根、茎、叶、果实皆可供药用，有祛风活络、止痛消肿、清热解毒的功效。

一年蓬

Erigeron annuus（L.）Pers.

菊科	飞蓬属	一年或二年生草本	花果期 5—10 月

　　年蓬是外来入侵物种，繁殖能力和适应性非常强大，哪儿有荒地，它就在哪儿扎根、开花。现如今，苏州到处可见一年蓬。

　　一年蓬外表并不引人注目，生命力却很顽强，属于"给点阳光就灿烂"。但一株一年蓬顶多长两年。每到夏季，一年蓬下部的叶片枯萎，茎端开出许多小花，枝丫交错，零落纷繁，透着一股热闹劲。虽然一年蓬的茎叶看起来是粗犷的，但那茎头的小花看上去有些弱不禁风，丝丝白瓣，上下错落，围着一丛黄心，瓣际也附上了些许鹅绒，真是烈日下的一簇清凉。花后结成一蓬白绒，成熟后，随风四散，分赴各处，到来春继续它的灿烂。

　　一年蓬全草可入药，可治疟疾、急性肠胃炎等。

虎耳草

Saxifraga stolonifera Curt.

虎耳草科	虎耳草属	多年生常绿草本	花期 5—6 月 果期 7—11 月

山涧边、石阶旁、墙缝里、青苔上，不论冬夏，都能看到虎耳草的身影。那圆乎乎、毛茸茸的叶子，恰似虎耳，十分招人喜爱。虎耳草耐酷寒，常在初春白雪未融之际，就从雪下冒出了新叶，故而得一别名"雪之下"。

这小小的虎耳草，茎高才五六寸，却有很多奥妙。它叶色浓绿，叶脉色浅，像描画着丝丝金线的荷叶，故有"金丝荷叶"之称。又因为它喜欢阴凉潮湿的地方，在茂密林下多湿的坎壁岩缝间生长尤盛，因此又有了"石荷叶"这个名字。

晚春到初夏的时候，虎耳草会长出细细的花茎，开出串串白色小花。花瓣五片，下面下垂的两片较长，像伸长的双腿；上面三片更小些，白底点缀着紫红色斑点，特别精巧；居中的鹅黄色花盘，流着诱人的蜜水。虎耳草花朵虽小，形状却很特别，远远望去，像穿着白色裙裤翩翩起舞的女子，轻盈纤巧。

虎耳草还会伸出细细长长、紫红色的匍匐茎，能生出新的植株，繁衍开来，生生不息。

打碗花

Calystegia hederacea Wall. ex. Roxb.

旋花科	打碗花属	一年生草本	花果期 5—10 月

一四二

— 打碗花 —

"**快**别摘那花，回家要打碎碗！"说起打碗花，耳畔回响着的是奶奶辈的念叨。打碗花，又称"燕覆子""兔耳草""富苗秧""兔儿苗"等，叫法别致又可爱。"打碗花"的名字究竟缘何而来已无从考究，只是在民间口口相传，摘下它就会打碎碗。

打碗花植株通常矮小，高8—30厘米，这种小花常常三两朵凑一块儿，藏在茂密的椭圆绿叶之间。它的长相酷似牵牛花，呈小喇叭状，外形稍稍扁些，薄薄的花瓣围起来像只小碗，或许正是因为这花瓣犹如打破的碗片，人们才叫它"打碗花"吧。

其实，打碗花的花语是恩赐，可以算得上是十分吉祥的小花。它还有个别称"小旋花"。有趣的是，在中国古建筑上到处可见旋花的身影，它们是构成旋子彩画的主要图案，其最大的特点是在藻头（彩画枋心与箍头之间的部分）内使用了带卷涡纹的花瓣图案，历史十分悠久。

打碗花根可入药，具有调经活血、滋阴补虚的功效；夏秋采鲜花可治牙痛。

大蓟（jì）

Cirsium japonicum DC.

| 菊科 | 蓟属 | 多年生草本 | 花果期 5—8 月 |

相传东汉末年，刘备手下大将庞统在攻取涪城（今四川绵阳）过程中身中数箭，军中懂医药者从路边摘来一种寻常野草，揉搓后为庞统敷贴在伤口上，很快就止住了血。这种草就是大蓟，又称"将军草"，其得名据说便和庞统有关。

大蓟的正名是蓟，为区别于小蓟，而冠以"大"字，简单区分的话，大蓟的叶子有羽状深裂，小蓟没有。大蓟在我国大部分地区都有分布，是苏州常见的一种野花。

大蓟长得高大直立，可达 1 米，开紫红色的小花。茎枝都有棱条，被着长毛；叶片大小宽窄各异，布满尖刺。要是走在路边不小心脚踩到或胳膊刮到它，肯定会被扎得嗷嗷叫。

大蓟的嫩叶和小蓟一样，也是一种美味的野菜。古人把它的老叶揉碎成茸，制成灯引，点着了挂在夜行的马车上，很是便利。大蓟全草和根可入药，是止痨病吐血的良药，有利于病弱的人恢复健康。

朴素的大蓟虽然外表并不出众，却象征着独立和严格，这也是所有植物的珍贵品质，值得我们尊重。

白车轴草

Trifolium repens L.

豆科	车轴草属	短期多年生草本	花果期 5—10 月

或许大家对"白车轴草"这个名字有些陌生，但若是提到"三叶草"，想必是无人不知、无人不晓的。

先来说说三叶草吧。它是对多种拥有三出复叶的草本植物的通称，主要包括豆科的车轴草属、苜蓿属及酢浆草属中的某些种类，其中，豆科的车轴草属被认为是最正宗的三叶草，而白车轴草便是最常见的种之一，又被唤作"白三叶""白花三叶草"等。

白车轴草的与众不同之处，在于它的三片掌状复叶上有明显的白色纹路，远远望去，原本只是一片绿叶，但因每瓣叶片皆有白色点缀，显得非常精致，层次分明，像一个个戴着珍珠项链的绿色小精灵随风跳动，极为惊艳。

每年初夏至秋季是白车轴草开花的季节，花朵呈球形，花枝高耸于丛叶之中，乍看上去有些像蒲公英。白车轴草茎匍匐蔓生，落土的种子自播繁殖能力极强，能够成片种植，作为观赏草坪植物可以很好地营造出绚丽的自然景观效果。

三叶草，一枚叶瓣代表祈求，一枚叶瓣代表希望，一枚叶瓣代表爱情。愿你能在一片美丽的白车轴草中寻觅到最难得的第四枚叶瓣，成为最幸运的人，永远幸福下去。

入夏时节，苏州山野的坡地、沟边往往铺了一地的黄花，绿蔓拖地，有时延至路上，节节生根。心形绿叶沿着藤蔓成对而生，金黄色的花朵则从叶腋处伸出，亦是两两对生，被尖长的绿色花萼托着，再由细长的花梗高高擎着。

清代吴其濬在《植物名实图考》中这么描述过路黄："铺地拖蔓，叶如豆叶，对生附茎，叶间春开五尖瓣黄花，绿跗尖长，与叶并苗。"

过路黄也叫"金钱草"，具有中药价值，有清热利湿、排石解毒、活血散瘀、消肿止痛之功效。

— 过路黄 —

过路黄

Leonurus japonicus Hance.

报春花科	珍珠菜属	多年生草本	花期 5—6 月 果期 7—10 月

元宝草

Hypericum sampsonii Hance

藤黄科	金丝桃属	多年生草本	花期 5—6 月 果期 7—8 月

元宝草，名字特别富贵讨喜。它草茎纤细，高可达 1 米，两叶对生，但很少见地连成一体，叶片两端微微上翘，形似小船，又如同元宝。草茎穿过叶心，分枝的叶片亦如此，细细看去，整株元宝草就像将众多小元宝串起来似的，甚是吉祥喜庆。

初夏时，元宝草花茎顶端及下方的叶腋处都会生出花枝，密密麻麻地开着五瓣小金花，由细长的花茎擎着，就好像这许多元宝上生出灿烂的光辉一般，给清新的乡野景象平添一份热闹与喜气。

元宝草可入药，中药上又被唤作"对叶草""相思草""灯台草""双和合"等，有凉血止血、清热解毒、活血调经、祛风通络之功效。元宝草叶片、花瓣、花萼、花药都具有腺点，富含金丝桃素，揉碎有香味，特别是根部，清香馥郁，而果实则被称作"黄叶连翘"。

鱼腥草

Houttuynia cordata Thunb.

三白草科	蕺菜属	多年生草本	花果期 5—10 月

鱼腥草，名如其物，闻其名就能想象它的味道，爱者嗜之，恶者厌之。确实，鱼腥气和着青草味，独特浓烈至极。鱼腥草、折耳根其实都是这种植物的民间俗称，在《中国植物志》中，这种植物的正式名称叫"蕺（jí）菜"。

据说越王勾践被拘吴国时曾尝吴王粪便以诊其病情，因此落下了口臭的毛病。勾践复国后，为免国君尴尬，范蠡就命左右侍奉都得吃这种臭草。

鱼腥草株高20—35厘米，喜欢长在湿润、阴凉的地方，山上、田里都有。初夏花朵绽放，淡黄色的穗状花序生于茎顶，基部有四片白色花瓣状苞片，远远望去，仙气十足。元代时，人们将它种在牡丹根旁，一可驱虫，二可观赏。

鱼腥草作为蔬菜，历史悠久。南北朝时期的《齐民要术》中载有"蕺菹法"，把蕺菜的地下茎和葱白一起腌了凉拌，口味相当重；到了唐朝，"山南、江左人好生食"的记录处处皆是。现在，鱼腥草在我国西南等地仍大受欢迎，凉拌、小炒、炖汤、泡饮，各有风味。

当然，鱼腥草最令人称道的还是它的药用价值。因其清热解毒、消炎化脓，所以很早就被用作药材。伤风感冒、咽喉肿痛、中耳炎之类的，都要用到它，素有"植物抗生素"之称。

林泽兰

Eupatorium lindleyanum DC.

| 菊科 | 泽兰属 | 多年生草本 | 花果期 5—12 月 |

林泽兰，多生于山谷阴处湿地、林下湿地或草原上，高 30—150 厘米。

它的叶子细长，粗看有些像竹叶，但边缘呈齿状，三出基脉，两面粗糙，被白色长或短粗毛。

每每林泽兰花开时，花香总能引得昆虫来。这种植物单朵花极小，细长的紫红色花瓣聚于淡绿色的花萼内，被白色密集的短柔毛。每根花茎顶端又有若干小花聚成一簇，呈伞状，而每一分枝又好像几把撑开的紫红小伞生长在一起，于是排成大型复伞房花序，热闹非凡。

林泽兰又名"白鼓钉""升麻""土升麻""路边升麻""尖佩兰"等，性温，味苦，无毒。据《贵州民间药物》记载，能"退热，治疟疾、感冒"。此外，林泽兰还有发表祛湿、和中化湿之效。

苦蘵（zhī）

Physalis angulata L.

| 茄科 | 酸浆属 | 一年生草本 | 花果期 5—12 月 |

"**蒹**草，叶似酸浆"（郭璞注《尔雅》），苦蒹和酸浆同属，模样看似差不多。李时珍在《本草纲目》中认为两者"一种二物也，但大者为酸浆，小者为苦蒹，以此为别"。

其实苦蒹和酸浆的花、果区别很大。酸浆开小白花；苦蒹花冠淡黄色，五裂而连结一体，中心镶嵌紫斑，花蕊蓝色，素雅俏丽。酸浆的果实成熟时如一个个红灯笼，故有"挂金灯""红姑娘"之称；苦蒹的果实要小些，绿囊紫筋，籽黑圆如珠，虽不如"红姑娘"俏丽，却也别有一番风韵。

和酸浆一样，苦蒹也是一种野菜，郭璞在注《尔雅》时写道，"江东以作菹食"，意思是当地的乡民采摘了苦蒹的叶片，腌渍后食用。

苦蒹可入药，功效和酸浆一样，是一味行血利水的烈药。

紫苜蓿

Medicago sativa L.

| 豆科 | 苜蓿属 | 多年生草本 | 花果期 5—8 月 |

紫苜蓿，一般叫苜蓿。"苜蓿来西或，蒲萄亦既随。胡人初未惜，汉使始能持。宛马当求日，离宫旧种时。黄花今自发，撩乱牧牛陂。"宋代诗人梅尧臣的一首《咏苜蓿》，道出了苜蓿是西汉引进良马时，作为马的牧草一起从西域带来的。现在全国各地都有。

紫苜蓿茎细直立，高可达1米，多分枝，叶子小而狭长，像豌豆的叶片。古人说风吹在成片的苜蓿中"常肃肃然"，似乎跑不出的感觉，因此就把苜蓿叫作"怀风"。夏日，紫苜蓿梢间不断开出紫色的小花，常常二三十朵聚在一起，太阳照着，如梦幻般绮丽。开花后不断结出卷曲如螺的豆荚，里面包裹着黄棕色的种子，细小如黍米，着实有趣。

紫苜蓿还可食用，嫩叶采摘后，热水焯一下，用油炒，适量放些姜、盐，或做成羹来吃，都别有风味。但苏州人一般不把紫苜蓿当菜吃，也许是可吃的野菜太多了，这么曼妙的紫苜蓿赏赏花即可。

狗尾草

Setaria viridis（L.）Beauv.

乔本科	狗尾草属	一年生草本	花果期 5—10 月

狗尾草，苏州话里叫作"狗尾巴草"或者"狗尾巴花"。

苏州的小朋友对狗尾草真是再熟悉不过了。天一热，路边到处都是这种小草，它们在风里摇啊摇，毛茸茸的禾穗也优哉游哉跟着摇摆，活脱脱一根根欢快的小狗尾巴，可爱得不得了。小孩子看见了就忍不住采几根，叼在嘴里玩，或者拿在手里甩甩。这跟吃冰棒一样，是孩子们夏天必不可少的乐趣。

狗尾草俗称"莠"，就是杂草。也因此，古往今来，它的名声一直不大好。所谓"良莠不齐"，"莠"通常被比喻成坏人，怪委屈的。据文献记载，其实狗尾草是粟的祖先种。粟俗称谷子，去壳后叫小米，是一种重要的粮食作物。

虽说名声差了些，可狗尾草的用处大着呢。它的茎叶是肥料，籽实可充粮食，烧粥、烧饭，荒年时人们常靠着它过活。狗尾草也被称作"光明草"或"阿罗汉草"，可治"偷针眼"和倒睫毛等目疾，也能治痈疽、面癣等病症。

马棘

Indigofera pseudotinctoria Matsum.

豆科	木蓝属	落叶小灌木	花期 5—8 月 果期 9—10 月

清爽的夏日，人们可在山坡小道两侧见到一种1米多高的小灌木，多细长分枝，开着一串串紫色或深红的小花，花朵如同小钟一样甚是可爱，枝条上又生着椭圆扁平的羽状复叶，这大概就是马棘了。

马棘开花时很漂亮，是山间一道亮丽的风景线。待到秋季花落时，这小灌木便结出一簇簇细长的荚果，像豌豆。因此，马棘又叫"山皂角""野绿豆"，是许多农村小伙伴们儿时的记忆。那时的孩子，常常摘下马棘长条的果实，塞在竹筒里用嘴吹，就好像"植物大战僵尸"游戏里那样发射子弹，十分有趣。

马棘的果实具有一定毒性，切不可食用。它的根或地上部分则可入药，有清热解表、散瘀消积的功效。其枝叶的粗蛋白与粗纤维含量较高，是鸡鸭牛羊等动物补充蛋白质、维生素、矿物质及微量元素的优质青饲料。

石竹

Dianthus chinensis L.

石竹科	石竹属	多年生草本	花期 5—6 月 果期 7—9 月

古往今来，文人墨客喜好作诗咏物，石竹便是他们偏爱的花卉之一。

"春归幽谷始成丛，地面芬敷浅浅红。车马不临谁见赏，可怜亦解度春风。"北宋诗人王安石爱慕石竹之美，在诗作《石竹花二首》中这样描写道：暮春初夏，石竹在僻静的幽谷盛开了，遍地浅红，一片芬芳。然而，幽谷没有马车常常光临，他也为无人前来赏花而惋惜。

石竹花单生枝端或几朵集成聚伞花序，花瓣为倒三角形，边缘呈不规则齿状，近花蕊处有斑纹，常见的花色有紫红色、粉红色、鲜红色和白色。叶片为线状披针形，长约寸余，边缘亦有小齿，中脉较明显。其茎具节，膨大似竹，故得此名。

石竹耐寒、耐干旱，不耐酷暑，常生于草原和山坡草地。早在唐代，它就已经非常有名了，时至今日也是庭院花园中极常见的花草，花朵繁密，所生之处绚烂无比。诗仙李白曾有一句"石竹绣罗衣"，后来还被诗人陆龟蒙引用。陆先生写道，"曾看南朝画国娃，古罗衣上碎明霞"，巧妙地将美人图、美人与石竹花融为一体，写人亦写花。

除了极高的观赏价值外，石竹的根或全草可入药，具清热利尿、破血通经、散瘀消肿之功效。

掌叶半夏

Penellia pedatisecta Schott.

天南星科	半夏属	多年生草本	花期 6—7 月 果期 9—11 月

掌叶半夏，叶如手掌，形状奇特，广布南北，常生于林下、山谷或河谷阴湿处，是我国特有物种。《本草经集注》中描写它为"形似半夏，但皆大，四边有子如虎掌"，故而又名"虎掌"。

与其他天南星科植物相较，掌叶半夏块茎扁而大，旁边还长着若干小球茎。另外，其株形也有不同之处。北宋药物学家苏颂在《本草图经》中记载："三四月生苗，高尺余，独茎上有叶如爪，五六出分布，尖而圆，一窠生七八茎。"一株掌叶半夏丛生七到八片叶，比其他天南星科植物多。此外，书中还提及，掌叶半夏"结实如麻子大，熟即白色"，籽小而白，并不如天南星显眼。

清代植物学家吴其濬所著《植物名实图考》中说："惟叶初生相抱如环，开花顶上有长稍寸余为异。"吴先生认为，区别掌叶半夏主要看花，如若佛焰苞呈淡绿色，更为细长，敞开大口，花序顶端长有三寸左右的细线附属物，则为掌叶半夏。佛焰苞是天南星科植物的花的特征，因其苞片形似庙里供奉佛祖的烛台而得名。

掌叶半夏还是一味中药材，味苦、辛，性温，有毒，具祛风止痉、化痰散结之功效，可治手足麻痹、风痰眩晕、癫痫、跌打麻痹、毒蛇咬伤等。

救荒野豌豆

Vicia sativa L.

| 豆科 | 野豌豆属 | 多年生草本 | 花果期 6—8 月 |

"采薇采薇，薇亦作止。"《诗经·小雅·采薇》中的"薇"指的就是豆科野豌豆属的一种。当年伯夷、叔齐隐居首阳山吃的"薇"也是此类。

优雅浪漫的"薇"怎么变成了"野豌豆"？其实野豌豆之名源自明代《本草品汇精要》："薇乃菜之微者，即今之野豌豆也。"三国吴陆玑对"薇"如此说明："薇，山菜也。茎叶皆似小豆，蔓生。其味亦如小豆，藿（叶子）可作羹，亦可生食。"看来，野豌豆真是一种历史悠久的植物，千百年来还曾是平民百姓的救命之物呢。

篱边树下，渠堤田间，郁郁葱葱的野豌豆在风中婆娑着。其茎纤细柔美，高30—100厘米，伸着长长的柔须，匍匐或攀缘生长；叶子对生或互生，整洁而纯净；花朵含苞时为蓝色，盛放时则变为玫紫色，形状宛若展翅的蝴蝶，灵动可爱。

野豌豆开花前的嫩枝叶作蔬、入羹都很美味，洋溢着一股豌豆的清香，花后结成的豆荚，形态、大小和豌豆荚相仿，可以煮了吃或者磨面。把豆荚一头去掉，抠掉种子，可当口哨吹响，因此江南一带也叫它"叫叫菜"（吴地称口哨为"叫叫"），这曾是乡野孩子们的快乐所在。

海州常山

Clerodendrum trichotomum Thunb.

| 马鞭草科 | 大青属 | 灌木或小乔木 | 花期 6—8 月
果期 9—11 月 |

海州常山的名字似乎莫名其妙，但确实是这种植物的大名。《中华本草》中说这种植物"产海州，常作常山入药，故称海州常山"。简单来说，海州常山是海州产的药效同常山的植物。当然，它还有很多小名，如"臭芙蓉""臭梧桐"等。这些小名都指出了它的臭，的确，海州常山的鲜叶有一股并不难闻的臭气，以手搓之气味更浓。

海州常山是良好的赏花看萼观果花木，苏州周边山林多有野生。它植株繁茂，叶片浓绿，花序大，花果都很美丽。开花时，很多巨大的伞状花序挺立在枝头，优美似玉蝶群舞，又像一座座花的"山峦"，或许正是这个特点使它得名。初成的花苞是淡绿色，枪头状；即将开放时，花萼微微泛出粉色；花丝与花柱同伸出花冠外，略带刺鼻的芳香。

初秋时节，海州常山的果实陆续形成，宿存的萼片变为红色，像是一树欲放的"花苞"，而当"花苞"绽开，则露出包裹的果实，初时淡绿色，然后逐渐变为蓝紫色，配上红色花萼，又组合成了新的"花朵"，夺人眼球。

海州常山

威灵仙

Clematis chinensis Osbeck

毛茛科	铁线莲属	木质藤本	花期 6—8 月 果期 9—10 月

一七四

仲夏时节，蝉鸣林幽，行走在城外山中，时不时会看见藤蔓上一簇簇纯白无瑕的小花兀自开放，素朴中自带几分仙气。走近一看，原来是威灵仙。威灵仙"花瓣"狭长，花蕊披散，铺缀在密密的羽叶上，让人感受到夏日里的一份凉意。那白色"花瓣"实际是花萼，威灵仙的花冠已经退化了。

威灵仙的果实奇特，一个个带着长长的尾巴，尾巴毛茸茸，翻腾折曲，数个一簇，着生在叶际。其实这尾巴是留在果实上的宿存花柱。

毛茛科下铁线莲属种类繁多，全球有300多种，我国约有108种，均气质独特。威灵仙可以说是铁线莲属中的小清新，充满了灵性。

"其力劲，故谥曰威；其效捷，故谥曰灵"，草根入药，"威灵合德，仙之上药"，威灵仙之名源自这种草的药效。因为它的草茎嫩时略带黄黑，干后则变成了深黑色，所以又有"铁脚威灵仙"之名。威灵仙能祛风除湿、通络止痛，所以对于风湿痹痛、肢体麻木等症很有效。

威灵仙果实

鳢（lǐ）肠

Eclipta prostrata（L.）L.

| 菊科 | 鳢肠属 | 一年生草本 | 花果期 6—10 月 |

鳢肠这个名字，听起来不像是植物名，且"鳢"这个字似乎难记难写，但若是把它分解为"鱼""曲""豆"三个字，便一下记住了。

鳢肠，字面意思是黑鱼的肠子。黑鱼外表乌黑，肠子也是黑的。鳢肠草折断揉搓后，有墨汁流出，因此有了这个名字。正因为鳢肠有此特点，古人就拿鳢肠的汁水染头发。

身为菊科家族，小小的鳢肠花结构也非常精巧，许多朵白花着生于一个圆盘上，组成了一个头状花序。最有意思的是它的果子，花谢后结果的花盘像是一个莲蓬，所以鳢肠也有"莲子草""旱莲草"等别称。

鳢肠的茎、叶、花皆可入药，有滋补肝肾、凉血止血的功效，作为中药材，被称作墨旱莲。"墨旱莲"这三字真是道出了这种植物的精髓。

鳢肠茎直立，高可达60厘米，喜生于湿润之处，在路边、田边、塘边及河岸、潮湿的荒地或丢荒的水田中常见，它低调、素雅，你不在意，它隐形不现；你若有心，它自然显露。

旋覆花

Inula japonica Thunb.

菊科	旋覆花属	多年生草本	花期 6—10 月 果期 9—11 月

旋覆花翠绿娇柔，花开轻盈烂漫，芳香浓郁。在气候湿润的地方，旋覆花生长得尤其旺盛，常成片聚生，高半人许，茎直有分枝，叶长呈披针形，全株多有细细的绒毛。其头状花序顶生，花色金黄，如微型的向日葵，鲜亮光艳，故又名金佛花。

旋覆花以花入药，不是因为花朵艳丽，而是因为它花序内密布的绒毛。旋覆花的药效，正是来源自这绒毛。每年夏秋季采摘后，将开放的花穗晒干，即可入药，为消痰逐水、利气下行之佳品。

正因为旋覆花有那些细小绒毛，易刺激咽喉作痒，所以煎药时需用纱布包好，再与其他中药一块煎煮。

鸭跖（zhī）草

Commelina communis L.

| 鸭跖草科 | 鸭跖草属 | 一年生草本 | 花果期 6—10 月 |

一八二

夏季的苏州，稍稍留心就能发现，田野水畔、石隙墙阶处有朵朵蓝花盛开，远观似蝶展翅，为夏日里的浓绿更添一份素净、雅致。这就是鸭跖草。

"扬葩簌簌傍疏篱，薄翅舒青势欲飞。几误佳人将扇扑，始知错认枉心机。"宋代诗人杨巽斋在诗作《碧蝉儿花》中，将鸭跖草描写得惟妙惟肖，青碧色的花瓣如同蝉翼，引得美人以扇扑之。

细细观察这些蓝精灵们，茎尖着生的佛焰苞吐出的花朵，实则有三枚花瓣，上面两瓣为蓝，下面一瓣为白，缀着亮黄的花蕊，沉静中略显一丝俏皮。因外形似蝶，它又有个好听的名字叫"翠蝴蝶"。

鸭跖草匍匐茎节节生根，似竹，节上生出细长的心形绿叶，所以农村百姓也亲切地称它为"淡竹子"。

据说在日本，人们还会从鸭跖草花瓣中提取"鸭跖蓝素"作为染料，名曰"露草色"，非常典雅，是人们十分钟爱的颜色，常用于浮世绘画作中。

益母草

Leonurus japonicus Houtt.

唇形科	益母草属	一年或二年生草本	花期 6—9 月 果期 9—10 月

益母草常生于山野溪边，淡紫色小花在叶腋围着茎秆一轮一轮地开放着，叶片如掌，边缘带齿，越近顶端的叶片越细长，整株分明，远远看去并不难辨认。

老苏州把益母草称作"苦草"，过去城里哪家媳妇生了小孩，就要每天皱着眉头吃下苦草熬的汤，据说有助于将产后秽物排出体外，杜绝病根。于是，益母草就成了生娃必备品，家家都要托人去乡下捆几棵回来给产妇熬汤喝。

大概是对新母亲身体有益，这种苦草也就叫作"益母草"了。《本草纲目》中记载，益母草之根、茎、花、叶、实，并皆入药，可同用，有活血、祛瘀、调经、消水之功效。

还有一种开白色小花的益母草，叫白花益母草，除花色不同外，其他性状及药用功效都与紫花益母草并无二致。

绥草

Spiranthes sinensis（Pers.）Ames

| 兰科 | 绥草属 | 多年生草本 | 花期 6 月
果期 7—9 月 |

绶草是苏州唯一的野生兰花。它是草地上的精灵，高1尺不到，花朵粉白红润，小而鲜亮。春末夏初，绶草便开始长出淡绿色的花茎，眯着眼睛的小花苞们团团缠抱于花轴之上。据说，这些小花蕾会由下而上依次绽放，每天只开一朵，约半个月后，才"美人凝妆花满镜"，宛如一条华丽的绶带，绽放出生命的异彩。

正是因这盘旋而上的花序，人们便称呼这小草为"绶"或"盘龙"。而这也是绶草的另类生存策略，它用小而密的花组成花序，以整体吸引传粉者，也分摊了成本和传粉失败的风险，在自然界演化的博弈中找到了属于自己的独特方式。小小的绶草，有着大大的智慧。

作为我国先秦时期就被发现的美丽花卉，绶草是初夏的代表花卉之一。它是国家二级保护植物，还被列为濒危野生动植物物种，所以如果遇上绶草，一定不要随意采撷，不要让这小精灵在我们这个时代消失。

绿叶胡枝子

Lespedeza buergeri Miq.

豆科	胡枝子属	直立灌木	花期 6—7 月 果期 8—9 月

绿叶胡枝子是胡枝子属植物中重要的一种。"秋日胡枝子，新花发旧枝。见花仍念旧，心事不忘悲。"这首录于日本最早的诗集《万叶集》中的和歌，借胡枝子再度开花，抒发了作者对旧事的怀念。

胡枝子是日本著名的"秋之七草"之一，日本人还专门为它发明了一个字"萩"，意思是秋天开的花。但在中国，却没有什么文人墨客吟咏胡枝子的美。

胡枝子属植物在中国分布十分广泛，《救荒本草》中记载，其嫩叶蒸晒后可作茶饮，荚果"微舂，即成米"，"或作粥或作炊，饭皆可食"。植物学家吴其濬编写的《植物名实图考》里记载，胡枝子是当地郎中的一味草药。

绿叶胡枝子泼辣皮实，摇曳生姿于山林野地间。每年夏秋之际，它们深粉红色的花朵便会盛开，虽只是灌木，然其盛开之状，大可以"满树繁花"比之。

绵毛马兜铃

Aristolochia mollissima Hance

| 马兜铃科 | 马兜铃属 | 多年生缠绕草本 | 花期 6—8 月
果期 9—10 月 |

旧时骑马，需在马脖子上系一串长球形包口的小铃铛，以警示行人避让，马兜铃属植物的果实与这种马铃很像，因此得名。

绵毛马兜铃为马兜铃属的一种，整个植株密被黄白色绵毛，叶基心形，弯弯曲曲的花管别具一格。当然，这样的花自有它的妙处。绵毛马兜铃花是虫媒花，它的雌蕊和雄蕊长在管道最里面，雌蕊先于雄蕊成熟时，管底会分泌出花蜜，吸引小昆虫进来。花管内有倒生刺毛，掉落进去的小昆虫能进不能出。小昆虫在其中活动，不知不觉中把自己带来的花粉都粘到雌蕊上，从而完成授粉。

别以为被"骗"进去的小昆虫会被闷死，等到雌蕊没有受粉能力时，花药成熟，倒生的刺毛会变软萎缩，沾染花粉的小昆虫就能重见天日了。然后它们会匆匆赶往另一朵马兜铃花，继续陷入甜蜜的"陷阱"。绵毛马兜铃这一招独一无二的传粉"小把戏"，实在有趣极了。

绵毛马兜铃又名"寻骨风"，全株可入药，气微香，味苦而辛；可祛风湿、通经络、止痛。但其含马兜铃酸，可致癌。

截叶铁扫帚

Lespedeza cuneata（Dum. -Cours.）G. Don

豆科	胡枝子属	小灌木	花果期 6—10 月

截叶铁扫帚，又名"夜关门"，一般野生于湖岸沟边或山坡灌丛，为钙质土壤指示植物。

这高可达1米的直立小灌木，小枝细长微有棱，被白色柔毛。三小叶复叶，密集，叶柄极短，小叶极小，线状楔形，先端截形，有小锐尖，在中部以下渐狭，上面通常无毛或被少数柔毛，下面被灰色丝毛。花2—4朵生于叶腋，柄极短；花冠蝶形，黄白色或淡红色。它的荚果细小，薄被丝毛。

截叶铁扫帚的茎可用作扎大扫把的材料。另外在医药书籍中也总能看到截叶铁扫帚的身影，它全株可入药，活血清热、利尿解毒，兽医则用它来治疗牛痢疾、猪丹毒等。

牡荆

Vitex negundo L. var. cannabifolia
（Sieb. et Zucc.）Hand. -Mazz.

马鞭草科	牡荆属	落叶灌木或小乔木	花果期6—11月

初夏，草木绿荫，约三五好友漫步，惊喜地发现一枝枝蓝紫色的小花盛开在山坡、谷底和林道旁的灌木丛中。远看如紫色麦穗，随风摇曳于山间。原来是牡荆花开了！细密而柔美的花朵，吸引了很多蜜蜂来采蜜。

牡荆，在山野的广阔天地中似乎有些普通，但这种普通的植物却让人望而生畏，当然，"畏"的不是它的花，而是它的枝条。荆条柔韧坚强，不易折断，古代常被用作刑具。当年廉颇上门向蔺相如请罪时身上背着的"荆"，就是荆条。

昔日梁鸿、孟光住在苏州皋桥头举案齐眉，传为佳话。孟光生活俭朴，以荆枝作钗，粗布为裙，由此"拙荆"成为对自己妻子的谦称。

牡荆的叶、茎、根、果实都可入药，解风热，还能理气消肿。不少地方的人更知晓摘其根、叶洗净晒干，即可单独泡茶饮用。过去，老百姓会捡拾牡荆已干燥的枝叶，和稻草捆绑在一起，以此当作蚊香点燃，用来驱除蚊虫，所以它又被叫作"蚊子柴"。

马兰

Kalimeris indica（L.）Sch. Bip.

菊科	紫菀属	多年生草本	花果期 6—10 月

一九六
— 马兰 —

"**欲**识黎民攀恋意，村童争献马拦头。"袁枚《随园诗话补遗》里记载了这种草本植物的美名。原来这种野菜一般生在田间地头，马贪吃其多汁的嫩叶，总是流连在原地不肯离去，故名"马拦头"。后来"马拦头"更演化出挽留行人之意，才有了诗词里的情感寄托。

马兰花虽然比较普通，放眼望去，似乎就是路边的小野花，但非常小清新，挺招人喜爱。常见的马兰花一般以紫色为主，花蕊是鹅黄色的，与雏菊极其相似，经常被当作小野菊。马兰花花开时成片成片的，远远看去就像是紫色的海洋。

马兰的嫩叶通常当作蔬菜食用，全草都可药用，有清热解毒、消食积、利便、散瘀止血的功效。

清明时节的马兰是最嫩的，随便采采就是绿油油的一大把，但略带苦涩气味，要焯水后才会变得清爽可口；再细细地剁碎，调点麻油，拌上豆腐干，即成香干马兰头；一口咬下去，脆嫩的茎叶碎裂出满口清香。凉拌、清炒或做成羹汤都异常清香。俗语说"吃马兰眼清目明"，它纯天然的药性，在阳春三月自是苏州人餐桌上的最佳之选。

葛藤

Pueraria montana（Lour.）Merr.

豆科	葛属	多年生草质藤本	花期7—8月 果期9—10月

葛

又称野葛、葛藤，喜爱攀缘于灌丛之上，长可达30余米。据说陕西一地还有棵200多年的古葛藤，开花时能遮住半面山，惹人称奇。

葛藤是传统的中药材之一，根、茎、叶、花均可入药。其中，葛根大而肥厚，药用价值最高，有解肌退热、生津止渴、升阳止泻、通经活络等功效，亦可制成葛粉供食用。唐代诗人白居易在《招韬光禅师》一诗中曾提到有僧人以此为食，诗曰："白屋炊香饭，荤膻不入家。滤泉澄葛粉，洗手摘藤花。青芥除黄叶，红姜带紫芽。命师相伴食，斋罢一瓯茶。"

葛藤夏季开花，花冠如紫蝶，有时偏粉紫，花朵密集地聚于枝头形成花穗，每朵中间一点亮黄色花蕊，很是美丽。葛花香甜，花蕾亦可食用，还能用来解酒。羽状复叶，小叶三裂，似鸭掌，脉络清晰，在阳光下，绿得很通透。

葛藤的茎皮纤维可供织布。古时，葛衣是很寻常的衣物。南宋诗人陆游有诗云"归舟葛衣薄，始觉是秋天"，想来，葛衣大约是夏季服饰吧。彼时，粗葛布、葛巾乃平民服装，而细葛布还是很名贵的。诗圣杜甫说，"细葛含风软，香罗叠雪轻"，可见这细葛衣又轻又软，穿着很是凉爽透气。

垂序商陆

Phytolacca americana L.

| 商陆科 | 商陆属 | 多年生草本 | 花果期 7—10 月 |

垂序商陆可以说是一种神奇的植物，因为你有时候会看到它靠近根部处已经开始结果，而顶端还在开花，有花有果，让人仿佛一眼便看到它的一生。

垂序商陆又叫美洲商陆，高可达 1—2 米，原先是主动引入栽培，但它的生长能力太强悍，20 世纪 60 年代开始蔓延到全国多地，野蛮生长，让土生土长的本土商陆优势殆尽，现在已经被列为外来入侵植物了。苏州原来也有本土商陆，但现在野外所见尽是垂序商陆。商陆的特征是花序圆柱状，向上生长，花更密实；垂序商陆的花更稀疏。商陆果序也是向上直立生长，果实有明显的分瓣；垂序商陆果序则如其名是下垂的，果实不分裂。

很多人小时候应该都见过垂序商陆，而且玩过它的果实。紫黑色的果实有丰富的汁液，可以用来画画或者染色。其实商陆属 Phytolacca 就是希腊词根 phyton（植物）与意大利词根 locca（绘画工具）的结合，指其汁液可以做画画的颜料。美国作家梭罗在《野果》一书中也提到过："商陆果酸酸的汁可以当墨水用，买的墨水无论蓝的红的都没它好用。"但垂序商陆的果实是有毒的，最好不要轻易尝试。

荞麦叶大百合

Cardiocrinum cathayanum（Wils.）Stearn

| 百合科 | 大百合属 | 多年生高大草本 | 花果期7—9月 |

"就算你留恋开放在水中娇艳的水仙，别忘了山谷里寂寞的角落里，野百合也有春天……"夏日山林中，当你初遇荞麦叶大百合的那一刻，肯定会不由自主地哼唱起这首歌。

是啊，任谁看到荞麦叶大百合，都不能不被它震撼：植株挺拔健美，叶片宽大醒目，花朵洁白艳丽，香气恬淡怡人，气质独一无二。

荞麦叶大百合，又叫荞麦叶大贝母、大百合，喜欢海拔高一些的林地阴湿环境，一般有1米多高，甚者有近2米高。6—7月开花，乳白色的花瓣比普通百合狭长，前宽后窄，六枚花瓣向外张开，围成一个周正的小喇叭，感觉萌萌的。叶片呈卵状心形或卵形，和普通百合狭长的叶片大相径庭，初生叶片光润而浓绿。

其实这种野生百合并不是百合属的，而是大百合属，主要分布在长江中下游一带。据说2018年才首次在苏州西部山中发现有野生分布。它是中国特有品种，也是稀有物种，已被列入第二批《国家重点保护野生植物名录》。

荞麦叶大百合可以依靠鳞茎重生，经过冬季休眠，在春风召唤下，鳞茎就会苏醒萌发。它的鳞茎还富含淀粉，药食两效，既可作粮食，也有清凉解毒的作用。

民间还称荞麦叶大百合为"摇钱树"，因为它的种荚内藏着铜钱大小、薄如纸片的种子，微风拂过，散落遍地，生生不息。

华鼠尾草

Salvia chinensis Benth.

唇形科	鼠尾草属	一年生常绿草本	花果期 7—10 月

— 华鼠尾草 —

错过春天，一样可以寻找到美丽。秋日的沟坡、草丛或林荫处，在一片深绿浅绿的杂草中，常可见三五成丛的华鼠尾草，高 20—60 厘米，清清爽爽的淡紫色，格外惹眼。

华鼠尾草喜欢温暖或凉爽的天气，因此长江以南如苏州、南京、无锡等地较为常见。华鼠尾草的花是一串，如果你没有见过，那么可以想象最常见的一串红的模样，一串红也是鼠尾草属的植物。正因为鼠尾草属的花序如穗，恰似鼠尾，所以才有了这个名字。鼠尾草属植物品种繁多，色彩丰富。华鼠尾草的这条"尾巴"是淡紫色的，细看每一朵花都是唇形的，筒形二唇裂的紫色花萼装着同样筒形二唇裂的蓝色花冠，后窄前宽，张扬饱满地伸着。

华鼠尾草折断茎、叶都有黑色汁液流出，曾经是古代的黑色染料，后来，入了草药，主要用来治疗黄疸肝炎和缓解骨痛。

鼠尾草是芳香性植物，具有很高的观赏价值和药用价值，也可萃取精油。如今园艺品种层出不穷，广受欢迎。

白英

Solanum lyratum Thunb.

| 茄科 | 茄属 | 草质藤本 | 花果期 7—11 月 |

白英喜爱温暖湿润的环境，常蔓生于山谷草地或田野边。聚伞花序，花开蓝紫色或白色。近凋零时，原本张开的花瓣还会反方向翻转合成筒状，完整露出同样围成筒状的雄蕊，隔着一轮深绿色花萼，两两相对。花蕊间还有一丝细长的淡绿花柱从中冒出，样子甚是有趣。

它的叶片也很有意思，叶脉清晰，两面均被白色发亮的长柔毛，中间偏下端两侧边缘向内凹陷，与小提琴琴身有几分相似。金秋时，白英结果了，枝头缀着一簇簇红彤彤的小球，像是结出了一颗颗亮闪闪的红宝石。山间绿叶红果，好看着呢。

白英药用历史久远，在《神农本草经》中被列为上品，具有清热利湿、解毒消肿、抗癌等功效，主疗风疹、丹毒和疟瘴等风毒。民间认为白英治疗腰痛效果极佳。除了药用价值，白英也可食用，嫩叶酸甜可口，人们还用它来煮粥吃。炎炎夏日，来一碗白英粥消暑特别合适，可清热解毒。

白英果实

萝藦

Metaplexis japonica（Thunb.）Makino

| 萝藦科 | 萝藦属 | 多年生草质缠绕藤本 | 花期7—8月
果期9—12月 |

萝藦古称芄兰，始载于《诗经·国风》中；又有俗称"羊婆奶""天浆壳""奶浆藤"等，这些名字的由来，可能是因为它的藤蔓折断后，会有白色的浆液流出来。

萝藦总是缠绕在别的植物或篱笆上生长，长可达 8 米；花开时节，十几朵毛绒绒的海星状小花儿组成一个个绒球，花冠白色，有淡紫红色斑纹，顶端反折，内面密被柔毛，虽不娇艳，却能让人过目不忘。

萝藦的果实最为特别，是一个瘦长的纺锤体，完全成熟之后，采摘捏开，便能看见种子上的白毛。"一子有一条白绒，长二寸许"，故而民间又称其为"婆婆针线包"。因为它的果壳一分为二，像瓢的形状，所以又获"老鸹瓢""雀瓢"之名。成熟了的萝藦果实会从中间纵裂开，带着白色绒毛的种子，借助风力，像蒲公英种子那样飞向天空，随意落到一处便生根发芽。

"去家千里，勿食萝摩、枸杞。"据记载，萝藦可补精气，强肾滋阴，所以古人告诫，离家在外，勿食萝摩、枸杞，以免欲火旺盛。

萝藦果实

绵枣儿

Barnardia japonica（Thunb.）Schult. & Schult. f.

天门冬科	绵枣儿属	多年生草本	花果期 7—11 月

绵枣儿，又叫"石枣儿"，喜爱生长在山坡石头缝里，类似枣的鳞茎长在地下，外皮呈黑褐色，内里雪白软绵，因此才被称作"绵枣儿"。它的叶子顺着鳞茎发出，柔软而贴着地面生长，比较低调。花瓣六枚，常呈紫色、粉色或白色，花序则由几十朵这样的小花组成，精致而茂密。

这种植物在苏州很常见，一丛绿叶好像苏州老百姓说的"阔背韭菜"。花开过后，绵枣儿又随即结出细小的黑色蒴果，就这样花果相随，直到金秋时节。

绵枣儿鳞茎富含淀粉，可蒸食或作酿酒原料，味道香甜，煮后软糯。明代朱橚在《救荒本草》中记载，食用绵枣儿根（鳞茎）时，需久煮并多次换水，否则"食后腹中鸣，有下气"。此外，绵枣儿鳞茎或全草鲜用晒干，有活血止痛、解毒消肿、强心利尿的功效；也可防治菜青虫、棉蚜虫等。

牵牛

Ipomoea nil（Linnaeus）Roth

旋花科	虎掌藤属	一年生缠绕草本	花果期 7—9 月

"小牵牛花呀，开满竹篱笆呀……"熟悉的旋律，又让人回到难忘的童年。那时候秋游，总是会遇到这种五颜六色、长得像喇叭一样的牵牛花。邻家小院里，也常见它爬满了竹篱笆，藤蔓缠绕，葳蕤葱茏，紫色、粉色、蓝色……争相斗艳。牵牛花从不择地，随处可安，盛开时热烈奔放。它就这样朝开午落，一直到初秋。

牵牛有个俗名叫"勤娘子"，顾名思义，它是一种很勤劳的花。每当公鸡刚啼过头遍，绕篱萦架的枝头，就开放出一朵朵牵牛花来。《源氏物语》中，牵牛花属于朝颜的一种，这名字听来便觉得轻灵。

牵牛的叶片圆而有裂，大多三歧，也有五裂，裂口或深或浅，或锐或圆，裂片或长或短，或宽或窄，形态多变。牵牛的果子是球形蒴果，带着宿存的线状苞片、萼片，有点牛首的模样。《本草纲目》中将入药部分的果实牵牛子称作黑丑、白丑，这里的"丑"是对应生肖牛的意思。一般入药多用黑丑，有泻水利尿、逐痰、杀虫的功效。

蝇子草

Silene gallica Linn.

| 石竹科 | 蝇子草属 | 多年生草本 | 花果期 7—10 月 |

蝇子草高 15—45 厘米，在《植物名实图考》中以"鹤草"为名，文曰："一名洒线花，或即呼为沙参。长根细白，叶似枸杞而小，秋开五瓣长白花，下作细筒，瓣梢有齿如剪。"

别看蝇子草名虽如此，长相却颇有仙气。花开时，五片狭长的花瓣从细长的花萼筒喷散出来，或白或粉，像是白鹤张开的羽毛，又像仙人手中散开的拂尘，纷纷扬扬，略带一丝凌乱之美。

唐代文学家徐夤有诗名为《初夏戏题》，诗曰："长养薰风拂晓吹，渐开荷芰落蔷薇。青虫也学庄周梦，化作南园蛱蝶飞。"看似描写的是情趣盎然的夏季景色，实则是一首关于"媚草"的谜面诗，媚草形如飞鹤，正是这里所说的蝇子草。

蝇子草可入药，有清热利湿、活血解毒的功效。根长而细白，味微甘，后涩，看起来与中药沙参相差无几，因此也被人称作沙参，可治痢疾、蝮蛇咬伤等疾症。

短毛金线草

Antenoron filiforme var. neofiliforme（Nakai）A. J. Li

蓼科	金线草属	多年生草本	花期 7—8 月 果期 9—10 月

秋风过后，在山林间可以看见一种长着丝状花穗的植物，长长的花穗上稀稀疏疏地开着一些谷粒般的红花，有种独特的恬静，让人忍不住端详片刻。这就是南方山林中常见的金线草。短毛金线草和普通金线草的主要区别是叶顶端长渐尖，两面疏生短粗糙伏毛。短毛金线草的花算不上华丽，但极具韵味。

短毛金线草花穗细长，不算密集，整支花序看起来如一根红线，或许称之为"红线草"更合适。其他有穗状花序的植物都耷拉着，短毛金线草却昂着花穗，很有特色。花穗虽细，却有着描金彩绘一般细腻的美。小小的花横向稀疏地点缀在花穗轴上，雌蕊从花里伸出，略微下垂。蓼科植物几乎没有花瓣，但短毛金线草有很像花瓣的花萼，花谢后花萼不会脱落，而是越来越红。花柱顶上还弯成钩，这个钩可以钩住触碰到它的人或动物，凭此它可"旅行"至别处，生根发芽，生息繁衍。

短毛金线草也是一种药材，根、茎入药，有止血、除湿、散瘀、止痛的功效。

三脉紫菀

Aster ageratoides Turcz.

菊科	紫菀属	多年生草本	花果期 7—12 月

　　三脉紫菀，又被称为三褶脉紫菀、野白菊花、三脉叶马兰等。看其别名，就知道它和野菊花、马兰等有很多相似之处。秋冬萧瑟，三脉紫菀却在梢端开出一束束如铜钱般大小的花，白瓣黄心，和野菊花差不多，有的地方常采它来煎洗，治疗无名肿痛。

　　三脉紫菀野性十足，根状茎粗壮，直立高耸，可达 1 米，有棱及沟，被柔毛或粗毛，上部有时屈折，有上升或开展的分枝。叶片狭长，犬齿饰缘，上有三条离开基部、蜿蜒伸出的粗长叶脉，植物学上叫"离基三出脉"，这是三脉紫菀与同属其他种的区别。

　　三脉紫菀分布非常广泛，也是苏州常见的一种野花，它一般喜欢长在稍阴潮湿的地方，根据不同的生长环境，还会变异出不同的生物特征。全草皆可入药，在中药上被称作"红管药"或者"消食花"，有清热解毒、促进消化、利尿止血等功效，还可用于消食。

女萎

Clematis apiifolia DC.

毛茛科	铁线莲属	多年生落叶攀援藤本	花期 8—9 月 果期 10 月

盛夏的穹窿山，空山寂静，夏花自在。走在山间，不经意间，一片米白色的小花映入眼帘，走近一看，是女萎，一种清丽雅致的小野花。

从字面看，"女萎"二字最直观的理解是"女子形容枯槁"，可它分明是柔美的"小仙女"啊。原来在古时，"萎"是与"委"通假的，而"委"，有曲折、弯转的意思，《尔雅·释训》中也说："委委，美也。"所以女萎，应该就是"女委"，是指它的姿容如女子般柔美吧。

确实，女萎担得起这个名字：小叶三出，被柔毛；花朵含苞时似茉莉，望之即如有幽香，全然绽放后花蕊支支离离，清秀可爱；纤茎柔蔓，缠绕依附于高树之上，顶端的卷须亦随风轻扬，颇有几分婀娜之气。"牡丹蔓""蔓楚"是古人给它的别称，更显柔雅秀嘉。当然，和其他铁线莲属植物一样，女萎十字形的四枚"花瓣"其实是萼片。花落后结瘦果，似纺锤，顶端渐尖，被柔毛。

女萎全株即根、茎、藤皆可作药用，有清热利水、活血通乳、通经活络的功效。

女萎果实

石蒜

Lycoris radiata（L'Her.）Herb.

石蒜科	石蒜属	多年生草本	花期 8—9 月 果期 10 月

— 石蒜 —

当风中开始透出点点凉意的时候，石蒜就会如期绽放。石蒜在日本被称为彼岸花，因为此花开于秋分前后，而秋分前后七日在日本称彼岸日，故得此名。

石蒜常在林下群生，花期到来时，先于叶抽出花茎，花茎顶端冒出六片鲜红色的花瓣，呈放射状；细长的花丝从花心伸出，画出美妙的曲线。待花落之后，叶子才会长出。如此奇妙的花朵，让人为之惊叹。

石蒜还有一名"曼殊沙华"，梵语意为红色。"见花不见叶，见叶不见花"，石蒜花叶不相见的特性，使它有了宗教的内涵，成为佛教著名花品之一。

需要提醒的是，石蒜如蒜一样的根（鳞茎）有毒，但也能入药，有催吐、祛痰、止痛、解毒的功效。对中枢神经系统也有明显影响，可用于镇静、抑制药物代谢及抗癌。

野大豆

Glycine soja Sieb. et Zucc.

豆科	大豆属	一年生缠绕草本	花期 8—9 月 果期 9—10 月

"中原有菽，庶民采之。"《诗经·小雅·小宛》中的"菽"，一般注释为豆类的总称。而据《广雅》"大豆，菽也……"可知"菽"又专指大豆。大豆在我国有悠久的栽培史，为野大豆驯化而来。

野大豆是国家二级保护野生植物，虽说是保护植物，但野大豆一点也不稀有，所以主要是保护它的基因多样性，而且它也是中华文明的见证者。

野大豆是缠绕藤本，必须爬在什么东西上，最长可达4米。走在乡间，路边的栅栏上、植物上就缠绕着很多野大豆。它们的花非常小，蝶形，淡紫红色，因为叶子太茂盛，常显得花很不起眼。好在三小叶复叶辨识度稍高一些，不然很难把它从路边草丛里揪出来。

等到9—10月，豆荚就成熟了。成熟后的豆荚长1厘米左右，上面长满了黄锈色毛，挺扎手。完全成熟后，颜色变得乌黑。随后开裂成两瓣，把其内蕴藏的两三枚种子甩出去，寻找新的生长之地。这就是植物生存的智慧，它们繁衍后代的方式总是多种多样。

野大豆全株为家畜喜食的饲料，可栽作牧草、绿肥和水土保持植物，种子及根、茎、叶均可入药。

田麻

Corchoropsis tomentosa（Thunb.）Makino

| 椴树科 | 田麻属 | 一年生草本 | 花期 8—9 月
果期 10 月 |

田麻真是夏秋之际山石田垄间的一道秀丽光景。高茎满黄花，枝枝精神抖擞，在阳光下热烈活泼地生长着，生气蓬勃。五枚黄色花瓣展开，瓣端稍稍拢起，中间一簇黄蕊微垂，颜色干净纯粹。

它的嫩枝和茎叶上还生着短柔毛，不禁让人联想起了水蜜桃，甚是可爱。然而令人意想不到的是，田麻草茎皮层纤维发达，可以代替黄麻制作麻绳、麻袋，这也是它名字的由来呢。

田麻果子更是招人喜爱，毛茸茸跟个豆角似的，为了与另一种没有毛的光果田麻区别开，人们叫它毛果田麻。

田麻还是一味常见的中药材，具有清热利湿、解毒止血之功效，可治咽喉疾病，因此也被称作"白喉草""黄花喉草"等。

鸡矢藤

Paederia foetida L.

茜草科	鸡矢藤属	多年生草质藤本	花期 8 月 果期 9—10 月

二三四

— 鸡矢藤 —

鸡矢藤，也叫鸡屎藤，是山林中常见的藤本植物。只因其茎叶揉碎后气味不大好闻，如同鸡屎般腥臭，才得了这个名字。尽管叫法有些不雅，不过造物者是公平的，赋予了它极出众的颜值。

鸡矢藤的花呈淡粉色长筒状，边缘绕着一圈浅白花边，而花心处的一点绯红则像少女的害羞脸颊，整朵花看起来粉嫩嫩的，尤其可爱。花儿们一簇一簇生长，点缀着红褐色的茎藤，随风摇摆，轻盈优美。金秋花落时，枝头又像簇拥着颗颗金珠，呈现另一番浪漫风情。

据《本草纲目拾遗》记载，鸡矢藤同样有中药价值，可助祛风除湿、消食化积、解毒消肿、活血止痛等。虽然鸡矢藤气味不大讨喜，但它在岭南却极受欢迎，当地人将它糅入米面做成地方特色小吃，如清明粄、鸡屎藤籺、鸡屎藤粑仔等，是很好的滋补品。

鸡矢藤

桔梗

Platycodon grandiflorus（Jacq.）A. DC.

| 桔梗科 | 桔梗属 | 多年生草本 | 花果期 8—10 月 |

苏城的山野中，桔梗花开在秋天的草丛里、山崖上，高可达 1 米，格外瞩目。一支支紫色的精灵，为整个山林增添不少韵致。阳光打在紫色的五角上，幽香洒满衣角，让人心醉。

桔梗，别名"包袱花""铃铛花""僧帽花"，单凭名称，会误以为桔梗乃橘（桔）子的梗，但实际上它与橘子或柑橘属没有直接关系。桔梗是日本"秋之七草"之一，可以地下根部入药，李时珍称其根"结实而梗直"，"结"与"桔"同音，故而得名。

山间紫风铃，上古传灵药。"鸡壅桔梗一称帝"，苏东坡先生酒后一时兴起，将眼前的中草药写入诗句，将桔梗比作药品中的帝王。北宋时期，从民间到宫廷，无不推崇桔梗，用桔梗煮汤，调寒热，清肺火，以求健康平和。

九头狮子草

Peristrophe japonica（Thunb.）Bremek.

| 爵床科 | 观音草属 | 多年草本 | 花果期 8—9 月 |

九头狮子草，这名字一听就很霸气，实际上它只是高不过 80 厘米、中等大小的一丛草。难道是徒有虚名？倒也不尽然。它的功效让你意想不到，全草皆可入药。

九头狮子草的名字最早见于清代吴其濬《植物名实图考》："摘其茎插之即活，亦名接骨草。俚医以其根似细辛，遂呼为土细辛，用于发表。"这说明九头狮子草极易栽种，而且它的根可用作药材，有"发汗、解表、散邪"的功效。但为何以"九头狮子草"为名，书中并未多做解释。

既然文献中无从查证，那就看看它是否有和狮子相似的特征了。仔细观察九头狮子草粉紫色的小花，发现它很像南方舞狮张开的口，花瓣上的斑纹，与舞狮口中所画的牙、舌图案有几分相似。或许九头狮子草就是因为由多朵如张大口的狮子似的花聚生在一起而得名吧。

苏州荠苎

Mosla soochowensis Matsuda

| 唇形科 | 石荠苎属 | 一年生草本 | 花果期 8—10 月 |

二四二
— 苏州荠苎 —

苏州荠苨，听名字就能想象它的模样，应该如苏州"小娘鱼"般，细气软香。因为它是在苏州采集的模式标本，所以得名，且以苏州命名的植物仅此一种。俗话说"上有天堂，下有苏杭"，巧的是，也有一种以杭州命名的荠苨，叫杭州石荠苨。

和石荠苨相比，苏州荠苨更矮小些，叶子也纤细得多。开花时节，只见小蓝花一节两朵地逐节生长，两节花之间疏疏朗朗的，秋风拂过，似在与有缘之人点头致意。

石荠苨连根叶捣汁，味如香油，被称为"鬼香油"，苏州荠苨也是如此，不过名字更好听，叫作"天香油"。

苏州荠芒

杏叶沙参

Adenophora hunanensis Nannf.

| 桔梗科 | 沙参属 | 多年生草本 | 花期 9—10 月 |

据《本草经集注》记载，沙参与人参、玄参、丹参、苦参合称"五参"，因皆以根入药主疗类同，所以都被冠以"参"之名。而沙参是生长在沙地中的，故而有名曰"沙"。

沙参的根粗长，外黄内白，有乳汁，可入药，具滋补、去寒热、清肺止咳之功效，是非常好的养生食品。其中，杏叶沙参为我国特有植物，一般生于山坡草地以及林缘草地。

金秋送爽，正逢杏叶沙参花朵盛开之际。杏叶沙参开蓝色或蓝紫色小花，有花瓣五片，呈三角状，正面看去像一颗精致的五角星，还有长长的白色花柱从中微微冒出。从侧面观察，整个花冠则呈钟状，一朵朵挂在花茎上，远远观之，仿佛枝头缀满了紫色小铃铛，很是有趣。它的叶片十分奇特，形似枸杞，边缘还有不整齐的小锯齿。

阴山胡枝子

Lespedeza inschanica (Maxim.) Schindl.

| 豆科 | 胡枝子属 | 落叶灌木 | 花果期 9—11 月 |

阴山胡枝子，又名"白指甲花"。这种灌木开白色小花，花瓣近圆形，先端微凹，花蕊处还有一抹红晕，果真是花如其名，像极了人类的大拇指指甲瓣。阴山胡枝子最高约 80 厘米，茎枝或直或斜，分枝有许多，但比较疏散，小叶长圆形。果子似豆荚，结果时一串串挂满枝头，沉甸甸的。

通常，阴山胡枝子生于路旁或山坡林下，它耐旱性极强，具有庞大的根系，还有根瘤，生长在地上的部分为丛生，因此是非常好的荒山绿化和水土保持植物。

阴山胡枝子药用价值很高，全株可药用，内服可治痢疾、感冒、跌打损伤等，外用可治刀伤、烫伤、疮毒等。它的根入药对治疗肾炎、膀胱炎十分有帮助；叶入药则能缓解黄水疮、皮肤湿疹、毒蛇咬伤、带状疱疹等。

龙葵

Solanum nigrum L.

| 茄科 | 茄属 | 一年生草本 | 花果期 9—10 月 |

龙 葵是极常见的野草，喜生于田边地头、家前屋后，高秆大叶，直立巍巍。龙葵叶片呈卵形，秋天，在茎端叶际生出一束束蝎尾状花序，挂在外面，开小白花，五出黄蕊，花萼反折，十分别致。花期后结成正圆的果实，黑紫透亮，味道酸酸的。因果实的模样，人们又把龙葵叫作"老鸦眼睛草"，活灵活现。龙葵果是可以吃的野果，如果做成果酱，那就更好了。

关于龙葵名字的由来，李时珍说"言其性滑如葵也"。龙葵的嫩苗确实能作为野菜食用，吃口柔滑。需要注意的是，龙葵茎、叶作为菜，需要去除龙葵素，然后洗净，彻底煮熟了才能吃。龙葵全株入药，可散瘀消肿、清热解毒。

愉悦蓼

Polygonum jucundum Meisn

| 蓼科 | 蓼属 | 一年生草本 | 花果期 9—10 月 |

"河堤往往人相送，一曲晴川隔蓼花。"蓼草是逐水而生的本土植物，长在依依惜别的堤岸，古人常借景抒情。

在中国，蓼属植物有 100 多种，常言道"蓼属皆美人"，愉悦蓼更是其中的佼佼者。它草茎纤细，高不到 1 米，叶片狭长，茎是紫红的，叶片是翠绿的，娇俏可人。小花打苞时是一串玫红色的珠米；怒放时，则变身为一穗梦幻的粉色，敷在紫红色的草茎上，随风翻滚，一副欢快的模样。深秋百花凋敝，寒风瑟瑟，水岸边若有这样一片蓼花盛放，心头涌起的肯定是希望与愉悦。

在乡下，人们常用干蓼草驱蚊虫，蓼草独特的辛辣气味让扰人的蚊虫闻之而远遁。人们或许不知道，造酒的酒曲中，蓼草是必不可少的，据说可以杀灭害菌，培育有益菌群。

野菊

Chrysanthemum indicum L.

| 菊科 | 菊属 | 多年生草本 | 花果期 9—11 月 |

夏秋之际，小黄花漫山遍野，所在之处一片金黄但不扎眼，有一种朴实之美。它们虽不如春花般娇媚，但透出的一身正气却使人能量满满。这就是野菊，常常被人称作"山菊花""路边菊"等。

南宋诗人杨万里有诗《野菊》云："未与骚人当糗粮，况随流俗作重阳。政缘在野有幽色，肯为无人减妙香。已晚相逢半山碧，便忙也折一枝黄。花应冷笑东篱族，犹向陶翁觅宠光。"诗中野菊高洁质朴，不愿随波逐流，虽然出身并不高贵，不为人赏识，但它依旧开放得绚烂精彩，为自己而活。可见，古往今来在文人墨客眼中，草木亦是有性格的，而野菊身上则有着一份不因无人欣赏而自减其香、不因窘境而取悦他人的骨气。

野菊全草及根入药，可清热解毒、疏肝明目、降血压。但野菊性寒，《本草汇言》中记载："气虚胃寒、食少泻泄之人，宜少用之。"大致是说，肠胃本身比较弱的人，不宜过多食用野菊，以免身体受到寒气侵扰。

海州香薷（rú）

Elsholtzia splendens Nakai ex F. Maek.

| 唇形科 | 香薷属 | 一年生草本 | 花果期 9—11 月 |

二五六

"牙刷草，开紫花，哪里有铜，哪里就有它。"这句谚语里的牙刷草，就是海州香薷。海州香薷高 30—50 厘米，素有"铜草"之称，是铜矿的指示植物，能忍受含铜极高的土壤，并且能吸收很多的铜元素，根据这种植物的分布，往往可以找到很好的铜矿。苏州城外的山上有成片野生，可能下面有铜矿吧。

海州香薷的花十分特别，玫瑰红紫色的小花只会朝一个方向生长，花丝伸出在花冠外面，花柱又伸在花丝外面，看着像一把把刷子。

香薷属的大部分植物都具有药用价值，海州香薷也不例外。夏季的时候采摘其叶子晒干，泡茶喝，可以起到发汗、解暑的作用。另外，据说用它的花、叶来煮水泡脚，对治疗脚气十分有效。

海州香薷因其特殊的价值，曾经遭遇过大量采挖，以致其数量少了很多，现在算是种十分珍贵的野生植物了，所以大家一定要好好珍惜它。

一枝黄花

Solidago decurrens Lour.

| 菊科 | 一枝黄花属 | 多年生草本 | 花果期 10—11 月 |

最早听到"一枝黄花"这个词源于鲁迅先生的一则轶事。有一次，鲁迅先生和日籍教员带着学生到野外采集标本，学生看到路边有一株高瘦的黄花，好奇地问叫什么，日籍教员回答道："一枝黄花。"结果学生暗笑，私下以为老师信口开河。鲁迅先生严肃地说，做学问要实事求是，你们可以回去查查《植物大辞典》，这是一种菊科植物，名字就叫"一枝黄花"。鲁迅先生的博学和严谨让学生深受教育。

现在，很多人会把一枝黄花误认为外来入侵的"加拿大一枝黄花"，其实它是我们的乡土植物，喜欢生长在山坡草地、林下、灌丛中。

和株形高大、花序张扬垂挂的外来者相比，一枝黄花温婉含蓄，它个头矮、草茎弱、花序小。一枝黄花的叶形变化丰富，有椭圆形、长椭圆形、卵形和宽披针形，各色叶片长在一起，却并不突兀。头状花序排成总状生枝顶，边花舌状，内花管状，花黄色。到了一枝黄花的盛花期，温暖的色彩执着地调和秋的萧瑟。

一枝黄花又名野黄菊、山边半枝香、洒金花、黄花细辛等，可以全草入药，具疏风泄热、解毒消肿功效。

图书在版编目（CIP）数据

苏州长物·花/苏州市科学技术协会编. —上海：
文汇出版社，2021.9
ISBN 978-7-5496-3639-6

Ⅰ．①苏… Ⅱ．①苏… Ⅲ．①野生植物－花卉－介绍
－苏州 Ⅳ．①Q940.8

中国版本图书馆CIP数据核字(2021)第169033号

苏州长物·花

编　　者 / 苏州市科学技术协会
责任编辑 / 吴　斐
特约编辑 / 蔡时真
装帧设计 / 李树声

出版发行 / 文匯出版社
　　　　　上海市威海路755号
　　　　　（邮政编码200041）
印刷装订 / 无锡市海得印务有限公司
版　　次 / 2021年9月第1版
印　　次 / 2021年12月第2次印刷
开　　本 / 889×1194　1/32
字　　数 / 50千
印　　张 / 8.5

ISBN 978-7-5496-3639-6
定　　价 / 58.00元